智能化煤矿工作岗位分析

主编◎杨 哲 李 艳

西北大学出版社
·西安·

图书在版编目（CIP）数据

智能化煤矿工作岗位分析 / 杨哲，李艳主编.
西安：西北大学出版社，2024.11. -- ISBN 978-7-5604-5478-8

Ⅰ.TD82

中国国家版本馆 CIP 数据核字第 20243US876 号

智能化煤矿工作岗位分析

ZHINENGHUA MEIKUANG GONGZUO GANGWEI FENXI

主　　编	杨哲　李艳
出版发行	西北大学出版社
地　　址	西安市太白北路 229 号
邮　　编	710069
电　　话	029-88303042
经　　销	全国新华书店
印　　装	西安日报社印务中心
开　　本	787mm×1 092mm　1/16
印　　张	12.5
字　　数	210 千字
版　　次	2024 年 11 月第 1 版　2024 年 11 月第 1 次印刷
书　　号	ISBN 978-7-5604-5478-8
定　　价	36.00 元

本版图书如有印装质量问题，请拨打电话 029-88302966 予以调换。

前 言

　　随着全球科技的飞速发展，传统产业正经历着前所未有的变革与升级。煤炭产业，作为国民经济的重要支柱之一，其智能化转型已成为不可逆转的趋势。智能化煤矿企业的建设，不仅能够大幅提升生产效率，降低人力成本，更重要的是能够显著提升作业安全性，减少事故风险，保障矿工的生命安全与健康。

　　本书正是在这样的时代背景下编写的。在编写过程中，我们基于煤矿企业人力资源岗位设置的实际情况，收集了大量的岗位设置资料，分别从智能化煤矿岗位设置的理论分析、岗位价值、岗位分析动态机制、岗位分析方法、岗位描述与工作规范等方面，对煤矿企业的岗位设置进行详细说明，旨在为煤矿企业的智能化转型提供理论支持和实践指导。

　　本书由陕煤集团神木张家峁矿业有限公司杨哲和西安财经大学李艳主编，编写分工为：杨哲编写第一章、第二章、第四章、第七章、第八章、第九章，李艳编写第三章、第五章、第六章。全书由杨哲统稿。

　　编写过程中，我们参考了国内外大量关于煤矿企业智能化的研究成果和实践经验，在此向相关作者表示衷心感谢！同时，本书的出版也得到了西安财经大学、西安科技大学的支持，在此一并表示感谢。由于编者水平有限，书中不妥之处在所难免，恳请读者批评指正。

　　（注：本书中涉及企业信息仅作教学使用。）

编　者

2024 年 6 月

目 录
CONTENTS

- **第一章　智能化煤矿岗位分析理论概述 / 1**

  第一节　智能化煤矿岗位分析的内涵与意义 / 1

  第二节　智能化煤矿岗位分析的性质与岗位说明书的特点 / 5

  第三节　智能化煤矿岗位分析的原则 / 7

  第四节　智能化煤矿岗位分析的理论基础 / 9

- **第二章　智能化煤矿岗位分析的价值 / 12**

  第一节　岗位分析的战略管理价值与组织变革价值 / 12

  第二节　岗位分析与人力资源管理 / 14

- **第三章　智能化煤矿岗位分析的动态机制 / 19**

  第一节　智能化煤矿岗位分析的渊源与演进 / 19

  第二节　智能化煤矿岗位分析与标准化管理 / 23

  第三节　智能化煤矿岗位分析与柔性管理 / 25

- **第四章　智能化煤矿岗位分析的方法 / 27**

  第一节　观察法 / 27

  第二节　问卷调查法 / 30

  第三节　工作日志法 / 32

  第四节　访谈法 / 34

  第五节　关键事件法 / 37

  第六节　主题专家会议法 / 40

  第七节　岗位分析问卷法 / 42

第八节　功能性岗位分析法 / 46
第九节　岗位分析方法的比较与选择 / 50

第五章　智能化煤矿岗位描述与工作规范 / 56

第一节　智能化煤矿岗位描述 / 56
第二节　岗位规范 / 67

第六章　智能化煤矿岗位说明书的编制 / 69

第一节　岗位说明书的编制内容 / 69
第二节　岗位说明书的编制原则及注意事项 / 71
第三节　岗位说明书的编制步骤及常见问题 / 74

第七章　智能化煤矿岗位分析的组织与实施 / 82

第一节　智能化煤矿岗位分析流程概述 / 82
第二节　智能化煤矿岗位分析的准备阶段 / 86
第三节　智能化煤矿岗位分析的实施 / 89
第四节　智能化煤矿岗位分析结果的形成与验证 / 91
第五节　智能化煤矿岗位分析结果的应用与反馈 / 94

第八章　智能化煤矿岗位分析的应用 / 97

第一节　智能化煤矿岗位分析在人力资源规划中的应用 / 97
第二节　智能化煤矿岗位分析在人员招聘中的应用 / 102
第三节　智能化煤矿岗位分析在员工培训中的应用 / 108
第四节　智能化煤矿岗位分析在薪酬管理中的应用 / 112
第五节　智能化煤矿岗位分析在绩效管理中的应用 / 116
第六节　智能化煤矿工作岗位的任职资格 / 122

第九章　智能化煤矿工作岗位说明书 / 124

第一节　智能化煤矿管理层岗位说明书 / 124
第二节　智能化煤矿基层单位岗位说明书 / 134
第三节　智能化煤矿机关单位岗位说明书 / 150

第一章
智能化煤矿岗位分析理论概述

第一节 智能化煤矿岗位分析的内涵与意义

一、岗位分析的内涵

岗位分析是对企业各类岗位的性质、任务、职责、劳动条件和环境,以及员工承担本岗位任务应具备的资格条件所进行的系统分析与研究,并由此制定岗位规范、工作说明书等人力资源管理文件的过程。其中,岗位规范、岗位说明书都是企业进行规范化管理的基础性文件。在企业中,每一个劳动岗位都有它的名称、工作地点、劳动对象和劳动资料。

二、煤矿企业工作岗位分析的必要性

煤炭作为我国基础性能源,其地位不言而喻。改革开放以来,我国煤炭行业发展从粗放型的落后生产方式向集约化的现代化生产方式转变,从劳动密集型产业向技术密集型产业转变,从计划经济向市场经济过渡。长期以来,国有大中型煤矿的运营机制不灵活,企业长期处于粗放化管理状态,不仅市场意识不强,而且缺乏规范化的管理,无法适应市场经济条件下的竞争,在产业转型的发展道路上遇到了一系列问题,比较突出的就是产业人才的缺乏,尤其是高层次人才的匮乏,人才结构严重失衡。这一现象直接影响我国煤炭行业的健康、持续发展,因此,有必要加大煤矿企业人力资源管理的力度,以期从根本上解决这一问题。

规范化的人力资源管理要求企业内部具有完善合理的岗位说明书体系,不合理的岗位分析以及不完善的岗位说明书体系使得企业在很多方面的运作都

受到影响。岗位分析是企业人力资源管理活动正常开展的基础,没有基础层面的支撑,人力资源管理就会失去根基,甚至会造成企业内部矛盾冲突不断,使企业市场运营出现问题。对于我国很多煤矿企业来说,不仅存在岗位说明书体系不健全的问题,更多的是存在岗位说明书缺失的问题。

新环境、新形势下的煤矿企业需要通过组织设计、岗位分析和岗位评价等环节,建立起一套新的岗位说明书体系,以实现煤矿企业规范化的人力资源管理。可以说,煤矿企业开展岗位分析,构建自身的岗位说明书体系很有必要。

三、煤矿企业工作岗位分析的作用和意义

岗位分析是人力资源管理的基础,没有岗位分析的人力资源管理工作就如同没有根基的大厦,将会是很不稳定的。

(一)岗位分析在改善组织结构和组织设计方面的作用和意义

随着煤矿企业外部环境的不断变化,企业的发展战略也不断发生变化,这就要求煤矿企业及时进行岗位分析。岗位分析过程除了要对工作进行静态的界定外,还应对组织结构和工作流程方面潜在的弊端加以改进。首先,岗位分析提供的与工作有关的信息,可以帮助管理者了解在工作流程、组织结构中暴露出的不合理性,并对其进行改进,从而提高工作效率或有效性。其次,岗位分析详细说明了各个岗位的特点和要求,以及煤矿企业中各个岗位的地位和作用,从而为组织结构改进和组织再设计奠定了基础。同时,岗位分析对各岗位的职责和岗位间的关系进行了明确规定,避免发生工作重叠、劳动重复,避免部门与部门、员工与员工之间产生相互推诿扯皮等现象,从而提高个人和部门的工作效率。企业管理者可以通过岗位分析文件对企业人员编制和人员数量进行深入细致的研究,对不合理的人员结构加以改善,及早解决可能产生的人力资源浪费、重叠或不足现象。最后,通过岗位分析可以发现和改进组织在分工协作、责任分配、工作环境等方面的缺陷,及时消除或调整那些不利于改善工作设计和整个工作环境的因素,以达到加强沟通和整合资源的目的。

(二)岗位分析在企业管理方面的作用和意义

首先,完善的岗位分析有助于保证煤矿企业战略目标的实现。煤矿企业

战略目标的实现有赖于合理的组织结构和岗位系统。通过岗位分析明确每个岗位和部门的职责、权限、上下级关系、工作环境、工作联系等要素,可以为企业战略目标的实现提供良好的平台和基本保证。其次,合理的岗位分析有助于企业达到人岗匹配,通过岗位分析不仅要确定岗位责权,还要确定岗位的任职资格和条件。这样,以岗位分析文件的要求来选拔或招聘合适的人主持相应的岗位,就能使企业实现人岗匹配。最后,系统有效的岗位分析也是企业人本管理思想的良好体现。岗位分析的全过程要求全体员工能够广泛参与和积极配合,在整个过程中不仅要充分调动广大员工的积极性,吸取员工的积极建议,还要使员工了解和把握好岗位分析的文件要求,主持好自己的岗位。

(三)岗位分析在人力资源管理方面的作用和意义

(1)岗位分析有助于煤矿企业制定科学有效的人力资源规划。在制定人力资源规划之前,应先对企业现有的各种岗位进行审查。企业现存的岗位说明书一般含有这一审查所需的详细资料,包括目前工作的种类、工作的数量以及这些工作之间的隶属关系。岗位分析能够为企业制定有效的人力资源规划、预测方案和人事计划提供可靠的依据。每一个组织对于本组织或本部门的岗位安排和人员配备都应有一个合理的计划,并根据生产和组织的发展趋势作出人力资源规划和预测方案。面对不断变化的市场条件,能否有效地进行人力资源规划和预测,这对于企业的生存和发展至关重要。

(2)岗位分析为煤矿企业选用合适的员工奠定了基础。岗位分析为企业的人员招聘、选拔和安置提供了有效的依据,因此对企业的人员招聘、选拔和员工调整都起着相当大的作用。通过岗位分析,企业能够明确地规定工作岗位的近期和长期目标,掌握工作任务的静态和动态特点,提出有关人员的心理、生理、技能、文化和思想等方面的要求,选择工作的具体程序和方法等。在此基础上,就可以进一步确定选人、用人的标准,以实现人岗匹配,有效利用企业资源。有了明确而有效的标准,通过心理测评和工作考核,就可以选拔和任用符合工作需要和岗位要求的合格人员。

(3)岗位分析为员工的绩效管理和晋升提供了客观的标准。岗位分析可以为员工的工作考评和升职提供标准和依据,有利于考核的公平公正。工作的考评和职务的晋升如果缺乏科学依据,将影响员工的积极性,最终影响工作。企业可以根据岗位分析的结果制定各项工作的客观标准和考核依据,将其作为职务晋升和工作调配的条件和要求。同时,还可以确定合理的作业标准,提高生产的计划性和管理水平。

(4)岗位分析为企业制定合理的工资奖励制度提供依据。岗位分析可以帮助企业建立先进、合理的工作定额和报酬制度。对工作和职务的分析,可以为各种类型的工作或各种任务确定先进、合理的工作定额,它是动员和组织员工提高工作效率的手段,是制订工作和生产计划的基础,也是制定企业部门定员标准和工资奖励制度的重要依据。工资奖励制度是与工作定额和技术等级标准密切相关的,把工作定额和技术等级标准的评定建立在岗位分析的基础上,就能制定出较合理公平的报酬制度。

(5)岗位分析有助于促进员工职业发展。它作为职业导航的基石,为员工清晰勾勒出各岗位所需的技能与职责,使员工能够自我评估并设定切实可行的职业目标。通过对比岗位需求和个人能力,员工能明确自己的差距,激发学习动力,不断提升自我以适应职业发展的要求。同时,岗位分析提示了岗位间的晋升路径与关联,可为员工规划长远的职业发展蓝图,增强其职业发展的方向感和信心。因此岗位分析不仅可以促进员工的个人成长与职业发展,也可以强化员工对组织的认同与忠诚。

(6)岗位分析有助于员工明确工作任务和目标。通过岗位分析,企业不但可以确定岗位的任务特征和要求,建立工作规范,而且还可以检查工作中不利于发挥员工积极性和能力的因素,并发现工作环境中有损于工作安全、加重工作负荷、造成工作疲劳与紧张氛围的各种不合理因素。岗位分析有利于改善工作设计和整个工作环境,从而最大限度地调动员工工作积极性并发挥其技能水平。同时,企业可以依据岗位分析中对工作环境的分析和说明,提醒组织和人员对危险场所和设施采取适当的措施,以减少或消除工伤和职业病的发生。

第二节 智能化煤矿岗位分析的性质与岗位说明书的特点

一、岗位分析的性质

(一) 岗位分析是人力资源管理的基础

当一个组织逐步成型,自然会衍生出一系列具体的工作任务,这些任务需要由具备相应能力的人来承担。岗位分析是在此背景下应运而生的一项关键流程,通过这一流程,我们可以确定某一岗位的任务和性质是什么,以及哪些类型的人(从技能和经验的角度来说)适合被雇用并从事这一岗位工作。因此,岗位分析是人力资源管理中的一个基本程序,是人力资源管理的基础。

(二) 岗位分析的内容

1.岗位活动

岗位活动是指承担工作的人必须进行的与岗位有关的活动,如清洁、缝纫、电镀、译电码或绘画等。有时,一张反映岗位活动的清单还会显示出承担工作的人应如何来执行工作中的各项活动、为什么要执行这些活动,以及何时执行这些活动的内容。

2.岗位分析中人的行为

岗位分析中人的行为是指感知、沟通、决策、撰写等人员行为方面的信息,工作岗位对承担工作的人有什么样的要求。例如,需要消耗多少能量、要行走多远的路途等。

3.岗位工作中所使用的机器工具及设备

岗位工作中所使用的机器工具及设备主要包括识别并详细记录岗位所需的具体机器工具、设备类型、性能特点及其操作要求,以确保员工具备相应的技术能力并能高效利用。

4.岗位的绩效标准

有关岗位绩效标准方面的内容(如工作的质量、数量或者工作的每一方面所耗费的时间等)也同样是需要进行分析研究的。这类内容可以帮助我们弄清楚应当用一种什么样的标准来对从事这一岗位的人进行评价。

5.岗位背景

岗位背景既包括岗位的物理环境、工作时间表,也包括工作的组织形式和社会环境,如通常同什么人打交道等。此外,还包括在工作中将获得何种经济激励以及非经济激励方面的内容。

6.岗位对人的要求

岗位分析的内容还包括岗位对人的要求,即岗位本身对承担工作的人的知识或技能(教育水平、培训经历、工作经验等)和个人特性(才能、生理特征、人格品行、兴趣等)的要求。

二、煤矿企业岗位说明书的特点

我们只有弄清楚煤矿企业的行业特征,才能了解煤矿企业岗位说明书的特点。

煤矿企业属于资源开采型企业,国有大中型煤矿企业集团是煤炭行业的主体。与其他企业不同,煤矿企业具有行业自身所独有的特殊性。例如,资源赋存条件的先天性,生产成本的不确定性,物流的不连续性,销售方式的计划性,管理的复杂性,产业结构的多元性,管理体制、运行机制的传统性,企业生存的周期性等。根据煤矿企业的特征,可以简要地概括出煤矿企业岗位说明书的一些基础的特点:

第一,煤矿企业岗位说明书的非正规性。岗位设计需要基于企业组织架构,组织是要适应战略要求的,对于煤矿企业来说,其战略发展与组织变革的要求与一般企业有较大差异,因而煤矿企业的岗位设置和岗位说明书与市场的一般性企业有较大差异,呈现出非正规性特征,主要表现在两个方面:一是岗位设置的非正规性;二是岗位说明书的非正规性。这都是由当前煤矿企业的运营特征决定的。

第二,煤矿企业岗位说明书的安全主体性。安全主体性体现在岗位说明书中,不仅将安全生产视为煤矿企业运营的基石,更将安全责任细化至每个岗位,确保每位员工都是安全生产的直接参与者与责任人。通过明确的安全职责、详细的安全操作规程和应急预案,岗位说明书构建了严密的安全管理体系,要求员工积极履行安全职责,共同营造安全、稳定、高效的工作环境,推动煤矿企业安全运作流程与安全管理制度的有效落实。

第三,煤矿企业岗位说明书的岗位稳定性。尽管煤矿企业管理过程复杂,需要匹配复杂的管控手段进行管理,但煤矿企业由于是资源开采型企业,战略与组织调整的力度相对不大,因而其岗位设置相对稳定,同时岗位的工作内容与职责描述也表现出相对的稳定性,对于煤矿企业的内部性岗位尤其如此。

第三节 智能化煤矿岗位分析的原则

岗位分析作为人力资源管理在短时间内用以了解有关工作信息与情况的一种科学手段,必须由分析人员采用科学的手段与技术,直接收集、比较、综合有关岗位信息。所以,它必须符合事实性、完整性、公平性、能级、标准化和最优化的原则,从而为组织特定的发展战略、规划以及人力资源管理和其他管理行为服务。

一、事实性原则

岗位分析是建立在事实的基础上,由专业的分析人员采用问卷、面谈等方法直接收集信息,进行比较、分析和综合,最后得出结果的活动。它必须通过对现岗位任职人员及相关岗位人员的直接接触,了解实际情况,才能得出最后的结果。

二、完整性原则

从企业的层面来讲,所有的岗位分析得出的岗位职责、工作内容和程序等应覆盖企业所有的任务和流程,不应出现企业规定的任务、职责没有岗位来承担的情况。同样,在一个部门内也要体现完整性,避免出现互相推诿、存在职责死角的现象。

三、公平性原则

公平性原则主要体现在岗位分析的主体上。分析小组的人员应包括员工个人、基层负责人、人力资源部门和外聘专家。采取专家主导、员工参与、部门配合的方式,聘请专家制订岗位分析计划,设计调查问卷;让员工、主管、部属填写问卷;由人力资源部和外聘专家编写岗位说明书。这样的内外部结合方式,能保证数据和结果的相对客观和准确,使所有的岗位分析都更公平、合理。

四、能级原则

能级原则指组织机构中各个岗位功能的等级,也就是岗位在组织机构这个"管理场"中所具有的能量等级。一个岗位能级的大小,是由它在组织中的工作性质、繁简难易、责任大小、任务轻重等因素决定的。功能大的岗位,其能级就高;反之,就低。一般来说,在一个组织、单位中,岗位能级从高到低,可区分为四大层次——决策层、管理层、执行层和操作层,并呈上小下大的梯形分布状况。

五、标准化原则

标准化原则是现代企业人力资源管理的基础,也是有效地推行各项管理的重要手段。现代化企业,不仅要实现产品设计、工艺、质量、销售等各项生产活动的标准化,还要促进企业管理的标准化。企业管理的标准化,就是将企业生产经营活动中需要统一的各种管理事项,制定成标准或标准性质的技术文件并加以贯彻实施的活动。标准化表现为简化、统一化、通用化、系列化等多种形式和方法。岗位分析的标准化表现为分析框架、方法技术、考量因素的标准化,评价标准的统一性,结果表达的量化与规范化。

六、最优化原则

最优化原则指在一定约束条件下,使系统的目标函数达到最大值或最小值。优化的原则不但要体现在岗位分析的各项工作环节上,还要反映在岗位分析的具体方法、步骤上。例如,在一个组织系统中,为了实现其总目标和总功能,必须设置一定数目的岗位,而岗位设置的决策应体现优化原则,即以最低数量岗位设置,谋求总体的高效率化,确保系统目标的实现。再如,岗位评价方法很多,在具体实施中到底采用哪种方法,这就需要在一定约束条件下优选、优化。

第四节 智能化煤矿岗位分析的理论基础

岗位分析的理论基础可以追溯到多个经典和现代管理理论,这些理论为岗位分析提供了全面的框架和指导。通过综合应用这些理论,组织可以更好地理解和设计其工作岗位,从而提高生产效率、员工满意度和组织绩效。

一、经典管理理论

(一)劳动分工理论

劳动分工理论起源于亚当·斯密的著作《国富论》,他提出劳动分工可以提高生产效率。这一理论主张将复杂的工作分解为简单的任务,由不同的工人专门完成。这种分工使得工人可以更加熟练地完成特定任务,从而提高工作效率。岗位分析正是基于劳动分工理论,对岗位进行细化和分类,明确每个岗位的职责和技能要求。

(二)科学管理理论

弗雷德里克·温斯洛·泰勒提出了科学管理理论,主张通过标准化操作、时间研究和员工培训来提高生产效率。这一理论强调对工作流程进行仔细分析,确定最佳的工作方法和标准,并为员工提供必要的培训。岗位分析在科学管理理论的指导下,旨在分析岗位的工作内容、工作流程、工作方法和所需的技能,为制定工作标准和员工培训提供依据。

(三)组织理论

组织理论关注组织的结构和功能,以及员工在组织中的角色和行为。该理论强调组织的整体性和协调性,认为每个岗位都对组织的整体运行至关重要。岗位分析在组织理论的框架下,旨在理解每个岗位在组织中的角色、职责及与其他岗位的关系,以便更好地设计和优化组织结构。

(四)权变理论

权变理论是一种强调灵活性和适应性的管理理论。它认为管理策略和方法应根据组织的内部和外部环境进行调整。在岗位分析中,权变理论强调根据组织的实际情况和变化需求,对岗位进行动态分析和调整。这意味着岗位分析不是一个静态的过程,而是需要随着组织的发展和市场环境的变化进行持续的更新和优化的过程。

二、现代管理理论

(一)人岗匹配理论

人岗匹配理论强调将个人的能力与岗位要求相匹配,以实现最佳的工作效果。这一理论主张通过评估个人的技能、兴趣和价值观等因素,将他们安置在最适合的岗位上。岗位分析在人岗匹配理论的指导下,需要对岗位进行详细的描述和分析,以便确定所需的技能和能力,并为招聘和选拔合适的员工提供依据。

(二)工作特性模型理论

工作特性模型理论由理查德·哈克曼和格雷格·奥尔德汉姆提出,他们认为工作的内在特征对员工的动机、满意度和绩效具有重要影响。该理论提出了五个核心工作维度:技能多样性、任务完整性、任务重要性、工作自主性和工作反馈。岗位分析在工作特征模型理论的指导下,需要评估和分析这些维度在特定岗位上的表现,以便设计更具激励性和满意度的工作岗位。

(三)动态岗位分析理论

动态岗位分析理论强调岗位分析的动态性和灵活性。它认为随着组织的发展和市场环境的变化,岗位的需求和职责也会发生变化。因此,岗位分析需要定期进行更新和调整,以适应这些变化。这一理论强调持续监测和评估岗位的重要性,以确保它们与组织的目标和战略保持一致。

(四)基于胜任力的岗位分析理论

基于胜任力的岗位分析理论关注员工所需的胜任力(知识、技能、能力和其他个人特质)来定义和评估岗位。这种分析方法强调识别并确定员工成功完成工作任务所需的特定胜任力,并为员工提供培训和发展机会以提高这些胜任力。这种理论有助于确保员工具备完成其岗位工作所需的必要能力。

(五)工作重塑理论

工作重塑理论主张员工可以积极参与并改变他们的工作设计,以满足个人的需求和偏好。这一理论鼓励员工在工作中寻求创新和改进,以提高工作满意度和绩效。岗位分析在工作重塑理论的指导下,需要关注员工的参与度和反馈建议,以便更好地理解他们的需求和期望,并为他们提供更具挑战性和满足感的工作机会。

(六)数字化岗位分析理论

随着数字化和信息技术的发展,数字化岗位分析理论逐渐兴起。这一理论强调利用数字技术和数据分析工具来优化岗位分析和设计。通过使用现代技术,组织可以更加精确地收集和分析岗位数据,以支持更有效的决策和改进措施。

第二章

智能化煤矿岗位分析的价值

第一节 岗位分析的战略管理价值与组织变革价值

一、岗位分析的战略管理价值

每一个存在于组织中的岗位,都承担着一定的功能,即完成一定目的的功能。这个目的就是岗位使命,是由部门职能分解而来的,即每一个岗位的使命决定了它为完成组织整体战略、目标承担着直接或间接的功能。使命决定了每个岗位的大的工作界限、范围,是职责分工的基础指导。但是每个岗位为了完成自己的使命,还需要进一步分析、确定自己的具体职责范围与主要职责,只有这样岗位工作才能开展,岗位间的分工协作才能从每一项职责中分离、界定。例如,"制订人力资源工作计划",需要在人力资源经理、主管等岗位间进行职责分工,是全部职责还是部分职责,是负责拟制还是审核、审批等。因此,岗位分析对于企业战略的落地与组织的优化具有十分重要的意义,主要体现在以下方面。

(一)明确岗位职责和边界

根据岗位使命,确定每个岗位完成使命所需建立的主要职责后,还要将每一项职责分解、细化,描述完成职责的主要步骤或任务。这样通过岗位定位与标识、岗位使命与相应职责的确定,员工可以有目的地开展本职工作。岗位是面向结果的,为完成岗位的使命与职责要求,投入必要的人、财、物、适配的环境条件等资源后,还要对岗位的产出结果进行分析,提出岗位的业绩目标。

(二)优化业绩目标管理

岗位业绩目标来源于职责目标与组织战略目标的分解。每一项职责经过细分后,对职责履行所要达到的目标也要同时进行分析、描述。战略目标分解到部门,而后向岗位进行分解时,依据的是岗位职责与职责目标。按照战略目标的核心要求、通过职责目标,可以提出岗位的关键业绩指标。

(三)明确业绩指标

职责部分除了需要分析、编写职责目标以外,还需要对主要职责编写绩效标准。绩效标准即组织期望该岗位的员工在执行岗位说明书中的每一项任务时所应达到的标准。比如,某企业财务人员的账务管理职责的绩效标准为"在同一个工作日内,收到的发票要在当天记账""平均每月发生记账失误不得超过三次""每月的第四个工作日结束时必须平衡总账"等。标准是一种延续的、须一次又一次遵守的准则。目标是对要达成的结果的一个表述。完整的目标=目标项目+已达成的标准。没有标准的目标缺乏考核的依据。

综上所述,岗位是有目的(使命)、有标准(职责)、有结果(目标)的,对一个岗位的完整的控制与管理要从这几个方面进行,同时还要制定岗位所需要遵照的具体标准、制度、规范、法规等工作依据。

二、岗位分析的组织变革价值

岗位分析在组织管理过程中扮演着关键性的角色,它是对人力资源管理系统内各功能模块进行整合的基础和前提。

(一)优化组织结构

随着组织外部环境的不断变化,组织战略也随之不断变化,这就要求组织结构也随之改变。岗位分析提供的工作相关信息有助于了解组织结构上的弊端,帮助管理者对这些不足之处进行改进,使其适应组织战略的变化。

(二)优化工作流程

通过岗位分析,可以理顺工作与其所在的工作流程中上下游环节之间的关系,明确工作在流程中的角色与权限,消除流程上的弊端,优化工作流程,提高工作效率。

(三)完善工作相关制度和规定

通过岗位分析,可以明确工作流程、工作职责,以及绩效标准等内容,有利于完善工作相关制度和规定,为任职者提供工作标准和行为规范。

(四)树立职业化意识

通过岗位分析,企业能够建立员工工作标准和任职资格条件,有利于员工明确胜任工作所应具备的知识、技能、能力及道德素质,为其在工作中不断提高和发展提供指导,也为其树立职业化意识奠定基础。岗位分析与岗位说明书在组织内的长期运用,能够培养造就职业化的员工。

第二节 岗位分析与人力资源管理

一、岗位分析对人力资源管理职能的作用

人力资源管理担负着人才选、用、育、留的基本职责,重中之重是实现人和岗位的最佳匹配。岗位分析是现代人力资源管理所有职能,即人力资源获取、整合、保持与激励、控制与调整、开发等的基础和前提,只有做好岗位分析与工作设计,才能据此有效地完成各项人力资源管理的具体工作。岗位是承载工作的基本单元,企业战略目标逐层逐级向部门和岗位分解,最终将每一项具体的工作落实到每一个岗位和员工,因此,要将企业的人才置于适合的岗位,使得人尽其才、才尽其用,通过调动员工工作的积极性和主动性,发挥人力资源的潜质和能力,就必须对岗位进行分析。

在人力资源管理中,几乎每一个方面都涉及岗位分析所取得的成果。企业人力资源管理中的各项职能彼此衔接、相互影响,构成一个有机整体,人力资源规划、招聘配置、培训开发、绩效管理、薪酬福利管理和员工关系管理都需要以岗位分析为基础。其作用主要体现在以下几个方面。

(一)岗位分析与人力资源规划

员工是人力资源的载体。企业之所以要雇用员工,应该说本质上是因为其生产经营过程需要一定的人力资源。具体来说,企业不应该单纯从所谓的"为人们提供就业机会"的角度出发雇用员工,而应该以服务于生产经营的需要为目的来雇用员工。所以,"因事设人"应该是企业(尤其是营利性企业)正确的用人原则;违背了这一原则,奉行"因人设事"的原则,就容易给企业造成人浮于事、机构臃肿、效率低下的问题。

岗位分析为企业人力资源规划提供依据，能够明确地规定岗位的近期和长期目标，掌握工作任务的静态和动态特点，提出有关人员的心理、生理、技能、文化和思想等方面的要求，选择工作的具体程序和方法。在此基础上，确定选人、用人的标准。企业开展人力资源规划工作时，人力资源部门通常会采用技能清单法、管理人员置换法、马尔科夫矩阵法或人力资源接续计划法等进行企业人力资源需求与供给预测。人力资源部门需要事先根据企业组织结构现状、现有岗位说明书、员工年度绩效考评汇总成绩和员工任职资格评价资料，对人力资源的结构、数量和质量进行盘点，找出存在的问题，提出可行的人力资源规划方案。一方面，可以结合企业经营战略的调整确定人力资源管理战略目标和策略；另一方面，通过对现有组织结构的诊断和优化，进行岗位设置和工作再设计，进而对人力资源的需求和供给进行预测，以此制订年度人员编制计划和年度招聘进度计划。

（二）岗位分析与招聘配置管理

在招聘岗位任职者之前，需要先对这个岗位有个预期设计，通过岗位分析可以做到这一点。利用在岗位分析中获得的信息，编写一份岗位描述以及一份说明从事该岗位需要哪些知识、技能、能力的工作规范。这些岗位预期设计有助于把最符合条件的应聘者吸引来。从岗位分析中得到的信息还有助于确定恰当的工作名称（或工作类别）、工作报酬和福利。

岗位分析用于研究一项工作本身到底需要做什么。在这个过程中，还要考虑从事这项工作的人需要具备什么能力。岗位分析的目的在于确认任何人从事该项工作时的职责是什么、需要完成哪些任务，并明确说明该岗位的工作条件，如工作场所、工作时间、工作设备、工作环境等。

通过岗位分析和工作设计形成的岗位说明书，具体描述了工作职责和任职条件，是人力资源招聘和配置的重要文件。据此，人力资源部门可以配合业务部门开展招聘需求分析，明确候选人的工作经验范围、素质、能力要求，选择招聘渠道，确定招聘时间进度安排，设计面试流程，选择面试方法，选择素质测评工具和面试考核内容。岗位说明书还可以用于新员工的入职培训、员工在职期间的异动管理以及设计员工离职访谈内容等。

（三）岗位分析与员工培训开发管理

通过岗位分析，可以明确员工的基本素质要求和岗位工作需要的知识和技能,为培训需求分析、培训体系设计、学习地图描绘、内部讲师选拔、培训课件制作、外训课程选择和培训效果评估以及年度培训费用预算的制定提供客观的依据。按照岗位分析的结果设计和制订培训方案,根据岗位工作要求和聘用人员的不同情况,有区别、有针对性地安排培训内容和方案,以培训促进工作技能的提升,提高工作效率。

(四)岗位分析与工作定额和绩效管理

岗位分析可以为各种类型的任务确定先进、合理的工作定额,它是动员和组织员工、提高工作效率的手段,是工作和生产计划的基础,也是制定企业部门定员标准和工资奖励制度的重要依据。工资奖励制度是与工资定额和技术等级标准密切相关的。把工作定额和技术等级标准的评定建立在岗位分析的基础上,就能够制定出比较合理公平的报酬制度。岗位分析也会对岗位进行分类,不同岗位类别的员工在工作中需要不同的专业知识和技能,其绩效管理的方法、考核周期的设定以及考核指标也不尽相同。岗位分析是企业选择绩效管理方法、设定绩效指标体系的前提条件。绩效考核成绩反映了员工在较短时间周期内的工作表现,能在一定程度上反映员工所需知识和技能的改进与提升方向,绩效考核后的面谈反馈和绩效改进计划与企业的任职资格管理系统密切配合,将成为员工职业生涯规划工作顺利开展的保障。

(五)岗位分析与薪酬福利管理

薪酬是人力资源管理模块中最具有创造性的要素。它是组织对员工贡献给予的各种回报。从广义上说,薪酬包括工资、奖金、休假等显性回报,也包括参与决策、承担更大的责任等隐性回报。薪酬的高低绝不仅是工作数额多少的问题,还代表着个人在组织中的身份地位、业绩、个人能力与事业前景。一般来说,薪酬水平必须满足员工的生理需求、心理需求和社会需求,而要做到这些就必须遵循一定的原则。岗位分析明确了工作任务和内容以及岗位人员所需要的知识、技能和经验;岗位评价确定了岗位在企业生产经营过程中的贡献和相对价值。企业可以依据岗位分析的结果,设计、完善薪酬体系,划分职等、职级,明确晋级、降级标准,调整福利项目,从而保证企业的薪酬福利水平对内具有公平性,对外具有竞争力。

(六)岗位分析与员工关系管理

通过岗位分析所形成的岗位说明书、薪酬体系和福利计划等一系列制度和文件都可以作为签订企业劳动合同的附件。完整、严谨、全面的人力资源管理制度与政策更加明确了企业对人力资源管理的要求,既保护了员工的利益,又可以使企业在处理劳动争议时做到有理有据。

二、岗位分析对人力资源管理的意义

随着知识经济时代和互联网时代的来临,现代企业所处的市场竞争环境日趋复杂,要在激烈的竞争格局中实现企业战略目标,保持企业可持续成长和高速发展,必须整合内外部资源,打造核心竞争能力,这对企业管理和人力资源管理提出了更高的标准和要求。人力资源管理是企业获取核心能力和保持竞争优势的基础和支柱,科学、规范、高效的企业管理是实现企业不断发展壮大的保证。岗位分析是完善公司治理结构,有效管控关键、核心岗位,调整、优化组织系统和业务流程以及企业管理创新、管理机制变革的前提,是人力资源管理和企业管理共同的基础。做好岗位分析工作对于人力资源管理的意义主要有以下几方面。

(一) 传递企业战略

岗位分析工作必须以企业战略为导向,与企业变革相适应,以提升企业发展速度和岗位工作效率为目标。通过岗位分析,首先,企业可以明确组织结构中各部门的功能和工作目标,明确各部门在企业战略实现过程中需要承担的责任和价值。其次,通过岗位分析,可以明确岗位设置的目的,清晰界定岗位的工作界面,厘清岗位之间的工作关系和工作流程,确定岗位职责和权限,实现岗位责、权、利对等。岗位分析有利于工作效率的提升,有利于企业战略目标层层分解并传递到各个部门和岗位,有利于企业各项管理策略和管理措施逐一落实。

(二) 完善管理基础

岗位分析虽然是企业人力资源管理的专业技术手段,但通过岗位分析工作的开展,我们可以从企业生产经营活动中获取大量翔实的信息资料,在用于人力资源日常事务性工作的同时,也为企业人力资源管理体系的建设提供了依据。此外,这些信息资料还可以在生产管理、计划管理、物资管理、质量控制、财务管理和管理信息系统建设等方面发挥巨大的价值,有助于完善企业管理基础。

(三)促进员工转变

员工是企业管理中始终不变的核心。岗位分析以工作为基础,强调人和岗位的适配,借此强化岗位任职者的职业意识和职业规范。通过岗位分析,企业可以确定岗位的贡献与价值,明确薪酬支付要素,员工可以清楚地理解岗位与绩效的联系以及岗位和薪酬之间的关系。这有利于形成以岗位为基础,以员工工作能力和工作业绩为导向的绩效管理机制、薪酬分配机制、员工激励机制和企业文化建设。通过开展岗位分析工作,可以引导员工工作行为和工作态度的转变,引导员工自觉参与职业生涯发展规划。

第三章

智能化煤矿岗位分析的动态机制

第一节 智能化煤矿岗位分析的渊源与演进

岗位分析历史悠久,可以一直追溯到古希腊时代的分工理论。对岗位分析历史演变的回顾,可以使我们明确岗位分析的发展历程,使我们更加深刻地理解岗位分析的实质、意义和发展方向。本节我们以时间和岗位分析发展的动力为线索来介绍岗位分析的发展历史。

一、岗位分析的理论渊源:分工理论

柏拉图被认为是世界历史上有系统论点的分工理论的创始人。早在公元前4世纪,他就在其哲学著作《理想国》中,以苏格拉底和学生对话的形式讨论了社会分工的问题。柏拉图从国家组织原理考察了社会分工问题。他认为,每一个人都有多方面的需求,但是人们生来都只具有某种才能,因此一个人不能无求于他人而自足自立,而必有待于互助。既然人们有多种需要,而又必须由其他许多人供给各种需要,于是,便联合成各种团体,这些团体联合起来便成为国家。这是国家之所以产生的唯一原因。

亚当·斯密认为人类互通有无、物物交换、互相交易的倾向是分工产生的原因。他说:"分工起因于交换能力,分工的程度因此总要受交换能力大小的限制,换言之,要受市场广狭的限制。"在亚当·斯密之前的柏拉图、威廉·配第及之后的黑格尔、马克思都支持分工与专业化理论,对生产组织作了深入系统的研究。亚当·斯密对分工系统的详细研究,引起了大家对分工的重视,并被后来的管理思想家所借鉴,逐渐运用于组织内部,促进了岗位分析的产生和发展。

二、现代岗位分析的起源：泰勒的"时间动作研究"

1911年,泰勒发表了其重要的代表作《科学管理原理》。他在书中明确提出了"时间动作研究"的方法并强调它应该作为科学管理的目标和原则之一。所谓的"时间动作研究"就是研究工人工作时动作的合理性,去掉多余的动作,改善必要动作,从而制定标准化的工作程序并规定完成每一个单位操作的标准时间,确定劳动时间定额和作业的基本定额。除了"时间动作研究"外,泰勒其他的科学管理原则还包括：对工人进行科学的选拔并培训他们使用标准化的操作方法；制定科学的工艺规程,使工具、机器、材料和作业环境标准化；实行具有激励性的计件工资报酬制度等。这些科学管理原则都是以"时间动作研究"为基础的,这使得"时间动作研究"成为现实的要求从而得到了管理者的重视以及广泛的应用。泰勒的"时间动作研究"也被认为是现代岗位分析的发端。

三、岗位分析发展的动力

(一)分工的发展

在提高生产力的要求下,泰勒的"时间动作研究"得到推广。当时芝加哥屠宰场原来的屠宰加工方式被分解,然后按照科学管理的要求组成新的屠宰生产线。受此启发,亨利·福特在泰勒的单工序动作研究的基础上,进一步对如何提高整个生产过程的效率进行了研究。1913年他创建了第一条流水生产线——福特汽车流水生产线。这条生产线充分考虑了大规模生产的特点,规定了各个工序的标准时间定额,使整个生产过程在时间上协调起来,工作效率大幅提高,成本明显降低。亨利·福特开创的这种流水生产线导致了分工的一次变革,形成了规模经济的劳动分工体系,使个人或家庭专业化的劳动转向了个人技术专门化、企业生产专业化和市场交易专业化,大大提高了劳动生产率。流水线生产和规模经济改变了人与机器设备的关系,改变了人们的工作方式,根据机器设备的设置和生产线的设计,形成了一系列标准化的工作。工作流程被纳入岗位分析的范围,包括工作产出分析、工作过程分析、工作投入分析。岗位分析有利于企业整体组织运营,并通过岗位分析,企业可以设计出更合理的工作流程。

工人之间分工的细化,带来了协调管理的复杂化。1922年,通用汽车的艾尔弗雷德·斯隆把分工引进到职能管理上,成立事业部,使其与工人分工的专业化形成平行态势。此时要求岗位分析应进一步考虑工作流程和组织结构,并且分析要建立在对这二者分析的基础上。在特定的组织结构和工作流程下,职务的范围、性质、协调关系等都有很大的不同,这给岗位分析带来极大的挑战。如何尽可能准确、详细地描述一项工作,是岗位分析首先要考虑的。

由此可见,分工的发展要求相应的岗位分析技术不断进步。伴随着分工的细化,会出现目标的分化和权力的分散,于是就有了进行岗位分析的必要,对每一项工作的任务和职责进行描述,以便明确该工作做什么、由谁来做、如何做,等等。而岗位分析技术的发展反过来又有利于组织内分工的变革与发展。

(二)两次世界大战以及政府的介入

两次世界大战的爆发都极大地推动了工业心理学的发展,尤其是促进了心理学在人员分类和甄选、配置上的应用。这一时期的岗位分析,主要是作为人员甄选的工具出现的。尤其是在一战开始之前,人们缺乏对工作性质和人员素质之间关系的研究,那时的人们并不清楚一个坦克驾驶员和一个投弹手的人员素质要求有何不同,以及怎样去定义不同岗位的人员要求。在军队系统中回答这些问题,识别不同工作对从事这些工作的人员提出的要求是十分重要的。现实要求和理论空白促使岗位分析得到广泛应用。同时,在军队中发展起来的岗位分析也开始应用于一些政府机构。在这期间,许多著名的学者和研究机构都为岗位分析的发展作出了很大的贡献。

(三)法律因素

二战后,岗位分析得到了进一步的发展,其中离不开美国反歧视运动的巨大成功和政府立法的完善带来的推助作用。从1963年的《同工同酬法》、1964年的《民权法案》,到后来的《员工选择程序统一指南》《公平劳动标准法》《职业安全与健康法》等,无不针对企业在雇用员工过程中可能出现的歧视问题进行了详细规定,这些法律还规定企业必须通过岗位分析来保证人力资源管理的合法性。为了避免法律纠纷,企业在法庭辩护时必须出具证明,证明其在招聘、考核、薪酬和升迁调动等一系列活动中所采取的标准程序、方法都是与工作高度相关的。而这个证明,必须是以通过岗位分析得到的信息作为依据的。因此,岗位分析得到了企业的重视和广泛应用,岗位分析的理论和方法得到了发展,岗位分析的方法日趋多样化和系统化,岗位分析作为人力资源基础的地位得以确立。

在此期间,现代心理学和统计学研究成果被大量运用于岗位分析中,形成了一系列结构化、量化的岗位分析方法,大大提高了岗位分析的精确性、信度和效度。这些方法包括 PAQ(岗位分析问卷法)、FJA(功能性岗位分析法)、CIT(关键事件法)、JEM(工作要素法)、TTA(临界特质分析)、TI-CODAP(任务清单-综合职业数据分析系统)、ARS(能力需求尺度分析)、ICM(行为一致性分析方法)、VERJAS(综合性岗位分析系统)、HSMB(健康、安全与动机研究委员会)、OMS(职业测定系统)和 WPSS(工作执行调查系统)等。其中最出名的是麦克米克花费了 10 年时间开发出的 PAQ 问卷,它于 1972 年开发成功,包含了 195 个具体项目,成为目前应用最为广泛的定量化的岗位分析系统。另外,法恩开发的以人员为导向的功能性岗位分析法(FJA)、弗莱根开发的关键事件法(CIT)也是当今应用广泛的岗位分析系统。

四、岗位分析面临的挑战

(一)静态化的挑战

岗位分析静态化面临的挑战在于其难以适应快速变化的企业环境。市场环境、技术革新、企业战略调整以及员工发展需求等因素的不断变化,要求岗位设置和职责描述能够灵活调整。然而,静态化分析往往忽视了这些动态因素,导致岗位分析结果滞后于实际需求。这不仅限制了企业的灵活性和响应速度,还可能引发岗位职责模糊、员工技能与岗位需求不匹配等问题,进而影响企业的整体效能和员工满意度。因此,为应对这些挑战,企业需转向动态化岗位分析,以确保岗位体系和组织目标保持同步,提升企业的竞争力和适应能力。

(二)程序标准化的挑战

岗位分析的另一个前提是把完成同一任务的程序标准化,即期望所有任职者均按同一方式工作。而实际上,许多活动均可以通过不同的途径来进行,个体会根据自己的能力与习惯,选择适合自己的活动模式。人是有差异的,每个人都有所长也有所短,他们在工作中会自觉或不自觉地用自己的长处来弥补自己的短处,使具有各种特性的个体都适合从事普通工作。因而在实际工作中,有时很难下结论,究竟哪一种活动模式最有效。

岗位分析的目的是确定每一职务的性质以及任职者的条件,以期为每一职务选择和培训理想的任职者。这种把同一职务的人选为同一模式的趋势,会导致群体的同质结构,使群体缺乏活力。

第二节 智能化煤矿岗位分析与标准化管理

岗位分析内容标准化是对岗位分析内容进行规范化、结构化、分解化与具体化的处理过程。岗位分析内容标准化之后,即形成岗位分析的指标体系。岗位分析指标体系包括岗位分析的对象和内容,是岗位分析内容标准化的结果,是对岗位分析和评价对象的具体揭示,同时也是工作内容标准化的标志。

一、岗位分析的指标

指标在统计学中被认为是用来揭示对象总体数量特征的一个范畴。指标一般被认为是用来表明同类客观现象某种数量方面的科学概念或范畴。但在岗位分析中,我们把指标看作用来揭示对象及其本质特征的一种操作化形式。它既可以是数量的,也可以是非数量的。例如,人体生理器官的紧张程度,是揭示劳动强度的一个有效的分析指标。岗位分析指标是整个岗位分析活动的基础和前提,也是其中心。

岗位说明书中所包含的通用分析指标,一般是岗位名称、岗位编号、岗位等级、岗位主管、岗位所管辖的人数、编制时间、批准时间、工作概要、具体职责与任务、具体权限与责任及任职条件等。

二、指标体系的构建

指标体系的构建是指在岗位分析体系中项目内容的确定过程,或者说是指标体系中各指标要素整体建立的过程。岗位分析内容标准化的步骤包括分析指标的拟定和筛选、标志寻找和选择、标度划分、规定、量化、评价和修改等环节。

指标要素和指标选择对所有要分析的单位做一个全面的了解,确定几个共同的基本分析项目,然后再针对每个项目拟定具体的分析指标。这部分工作可以由一位专家单独完成,也可以由多位专家集体完成。工作任职者在工作中不可避免地要受到很多因素的影响,主要有工作责任、工作技能、工作强度、工作环境及社会心理因素等五个方面,它们又可以细分为二十二项。

(1)工作责任。工作责任指所承担工作的责任大小,主要反映工作任职者智力的付出和心理状态。它包含六个指标:①质量责任,即评价工作活动对质量指标的责任大小;②产量责任,即评价工作活动对产量指标的责任大小;③看管责任,即评价工作所看管设备对整个生产管理过程的影响程度;④安全责任,即评价工作对整个生产管理过程安全的影响程度;⑤消耗责任,即评价工作中物资消耗对成本的影响程度;⑥管理责任,即企事业单位在管理水平、管理素质、管理效果等方面,对赋予其管理权的国家和有关方面应承担的义务。

(2)工作技能。工作技能指工作对任职者的资格、素质方面的要求,主要反映工作对劳动者技能要求的程度。它包含五个指标:①技术知识要求,即评价技术知识、文化水平和技术等级的要求;②操作复杂程度,即评价操作的复杂程度及所用的时间长短;③看管设备复杂程度,即评价使用设备的难易程度和看管设备所需的经验水平;④产品品种与质量要求的程度,即评价产品品种规格和质量要求的水平;⑤处理事故复杂程度,即评价迅速处理事故所需的能力。

(3)工作强度。工作强度指工作过程中对任职者身体的影响,主要反映任职者的体力消耗和紧张程度。它包含五个指标:①体力劳动强度,即评价任职者体力消耗的程度;②工时利用率,即评价净工作时间的长短;③劳动姿势,即评价主要工作姿势造成身体疲劳的程度;④劳动紧张程度,即评价任职者在工作中生理器官的紧张程度;⑤工作班制,即评价工作的组织安排对任职者身体的影响。

(4)工作环境。工作环境指工作中的卫生状况,尤其对于生产性的工作,它主要反映工作环境中的有害因素对任职者健康的影响程度。它包含五个指标:①高温危害程度,即评价工作场所高温对任职者健康的影响程度;②噪声危害程度,即评价工作场所噪声对任职者健康的影响程度;③粉尘危害程度,即评价工作场所粉尘对任职者健康的影响程度;④辐射危害程度,即评价工作场所辐射对任职者健康的影响程度;⑤其他有害因素的影响程度。

(5)社会心理因素。社会心理因素指任职者的认知、情感、意志等心理活动,以及气质、性格、能力、兴趣、爱好等个性心理特征。这些因素在个体受到外部刺激后,会影响其对事物的认知、评价和行为反应。

上述二十二项指标要素中,按性质和评价方法的不同,又可将其划分为两类:一类是评定指标,即通过评委打分的方法来评出等级。工作责任、工作技能及社会心理因素的十二个指标就属于评定指标。另一类是测定指标,即根据仪器或其他方法测得的数据来进行分级。工作强度和工作环境的十个指标就属于测定指标。在实际应用中,可根据不同需要,做适当的选择。

第三节 智能化煤矿岗位分析与柔性管理

一、差异化与一体化

差异化因劳动分工和专业化分工而产生。劳动分工指组织中的工作被细分为更小的工作任务,由企业中不同的个人和单元完成不同的工作任务。专业化指的是不同的个人和单元通常只负责整个工作任务中的某些特定部分。显然这两个概念是紧密相关的。例如,秘书和会计具有不同的专长,因而从事不同的工作;与此类似,营销、财务和人力资源工作被划分为不同的部门。在组织中需要完成众多不同的工作任务,从而使专业化和劳动分工成为必然,因为组织中工作的复杂性是任何一个人都难以全部胜任的。

在下属单位数量很多,众多专家的思维方式又迥然不同的情况下,差异化程度较高。哈佛教授劳伦斯和罗素发现,处于复杂多变环境中的企业(塑料生产企业)会呈现出高度的差异化,以适应外界复杂多变的挑战。而在简单稳定环境中的企业(集装箱公司),差异化程度则较低。处于中间环境的企业(食品公司),差异化程度居中。

当企业组织结构出现差异化之后,管理者同时也必须考虑一体化的问题。组织中所有的专业化工作任务都不可能完全独立完成。因为这些不同的单元都是某个更大的组织的一部分,它们之间必然存在着某种程度的沟通和合作。一体化及其相关概念协调,指的就是连接组织中各个部分以实现企业整体使命的程序和步骤。

一体化可以通过促进合作和协调的机制实现。任何一项连接不同工作单位的职务都承担着调和的职能。公司的差异化程度越高,对各个单元之间一体化的要求也越高。劳伦斯和罗素发现,成功的高差异化企业往往同时也具备高度的一体化。如果企业生存于复杂的环境中,差异化程度会很高,若未能将不同工作有效地协调起来,那么很有可能会走向失败。差异化结构决定着公司的柔性管理,一体化结构决定着公司的刚性管理。对于现代企业来说,人们更倾向于柔性管理。

二、柔性管理是岗位分析的一个影响因素

柔性管理强调以人为本,这一理念要求岗位分析更加注重员工的心理、行为和个性化需求。煤矿企业需要通过与员工深入沟通,了解他们的职业期望、工作动机和兴趣爱好,并将这些因素融入到岗位设计中,确保岗位设置既符合企业战略目标,又能激发员工的内在动力,促进员工的个人成长与企业的共同发展。

随着市场环境、技术变革和企业战略的不断调整,岗位需求也在不断变化,因此柔性管理要求岗位分析具备高度的灵活性和适应性。此外,柔性管理还强调沟通和参与在岗位分析过程中的重要性。通过听取员工的意见和建议,煤矿企业可以更加准确地了解岗位的实际需求和潜在问题,从而制定更加科学合理的岗位设置方案。

第四章

智能化煤矿岗位分析的方法

岗位分析的方法主要是指信息收集的方法。岗位分析的内容不同,决定了岗位分析调查的侧重点及收集信息的不同。岗位分析的内容取决于岗位分析的目的与用途,不同组织所进行的岗位分析的侧重点会有所不同。因此,需要在岗位分析的内容确定之后选择适当的分析方法去收集与工作相关的所有信息。岗位分析的方法很多,按照结果的可量化程度,可分为定性分析法和定量分析法;按照所采用方式的不同,可分为观察法、问卷调查法、工作日志法、访谈法、关键事件法、主题专家会议法、岗位分析问卷法及功能性岗位分析法等。每一种方法都有优缺点,因此要根据岗位分析的目的与内容,本着经济的原则来选择一种或几种方法。这也是岗位分析成功的重要因素之一。

第一节 观察法

一、岗位观察法的定义

观察法又称现场观察法,是一种由有经验的人通过现场观察记录工作信息的方法。具体来说是指岗位分析人员在工作现场运用感觉器官或其他工具,观察特定对象的实际工作动作和工作方式,并以文字或图表、图像等形式记录下来收集工作信息的方法。这是岗位分析中最简单、最常用的一种方法。通过现场观察,岗位分析人员可以对工作者的工作过程进行观察,记录其工作行为各方面的特点;了解其工作中所使用的工具设备;了解被观察岗位的工作程序、工作环境和工作中的体力消耗等内容。为了提高观察分析的效率,所有重要的工作内容与形式都要记录下来,而且应选择不同的岗位分析人员在不同的时间内进行观察,这样可以相互平衡,有助于消除分析者对不同工作者行为方式上的偏见。因为面对同样的工作任务,不同的工作者会表现出不同的行为方式。对于同一工作者在不同时间与空间的观察分析,也有助于消除工作情景与时间上的偏差。

二、观察法的分类

岗位分析过程中使用的观察法常从以下角度进行分类:

(1)根据观察时间是否具有连贯性,可分为连续性观察和非连续性观察。连续性观察是在某段时间内不间断地观察;非连续性观察一般是定期或阶段性观察。

(2)根据对观察对象控制性强弱或观察提纲的详细程度,可分为结构性观察和非结构性观察。结构性观察,需要在现有理论模型和对与职位相关的资料进行分析整理的基础上,针对目标职位的特点开发个性化的观察分析提纲,对观察过程进行详细规范,严密掌控观察分析的全过程。结构化观察法具有规范、连贯、可信度高的优点,但也存在着僵化、信息缺失等缺点。非结构化观察,只需根据观察的目标定位所要收集的信息进行观察。国内经常使用这种方法。它的优点是灵活、信息收集面宽;缺点是指导性差、分析整理难度大。在实际操作过程中,为了避免其缺陷,经常综合使用这两种方法,在两者之间寻找恰当的平衡点,既避免观察的盲目性又保证观察的灵活性。

(3)根据观察的目的,可分为描述性观察和验证性观察。描述性观察的目的是对任职者的个体或群体工作活动、行为和环境等进行客观描述,因此需要收集全面完整的信息,为后续编制调查问卷、访谈提纲、工作说明书提供信息支撑,必须针对个体、小组、团队、组织四个层面展开全面观察;而验证性观察仅是通过观察来验证通过其他方法所收集信息的真伪,对信息进行加工修订,因此只要对需要验证信息所涉及的客体进行观察即可。

三、观察法的实施步骤

(一)工作准备

在选定观察法适合岗位分析的情况下,观察者应提前和被观察岗位的上级主管进行沟通并阅读有关岗位的文件和资料,了解被观察岗位的工作内容、工作标准、工作环境条件、业绩考核指标、考核方法以及薪酬等级等信息。如果是首次进行岗位分析,没有相应的文字资料,可以事先和被观察岗位的上级主管进行交流沟通,获取基本信息,结合了解的信息再准备观察提纲或任务观察清单。需要注意的是,观察提纲通常用于工作内容比较简单的岗位,任务观察清单通常用于重复性工作内容比例较高的岗位。

(二)选择观察方法

在工作准备完成后,根据对岗位的了解,需要选择相应的观察方法。只有合适的观察方法,才能提高工作效率,得到的分析结果也更为准确。自然观察法和隐蔽观察法是比较常用的两种方法:

(1)如果选用自然观察法,应事先和岗位任职者进行交流沟通,说明工作的流程和目的,建立良好的关系,寻求理解和配合。

(2)如果选择隐蔽观察法,除了事先和被观察岗位的上级沟通外,还要做好相关录音、录像等信息采集设备的安装调试工作。

(三)观察记录

观察记录是应用观察法的重点步骤,除了全面、细致、点面结合、力求准确外,还需要对观察记录的信息进行核对,确保无误,避免人为因素导致的偏差。人力资源工作者可以对同一岗位进行连续多次的观察,或是对同一岗位采取自然观察和隐蔽观察相结合的方式。

(四)信息整理分析

将观察法实施过程中获取的资料和信息进行汇总,结合观察提纲进行分类整理,重点整理岗位的工作内容、工作情况以及可以改进和优化的问题,最终编制岗位分析报告。完成资料整理后,还可以与被观察岗位的上级进行沟通,并提醒该上级相关注意事项。

(五)形成结论

整个过程完成后还需要对搜集的材料进行反复加工,形成最终结论。对于从事简单重复性劳动的岗位,完成分析后最终结论的体现形式是编制岗位说明书。

四、观察法的优缺点

观察法的优点是：可以获得工作现场的第一手资料，结果比较客观、准确；适用于工作内容主要是由身体活动来完成的工作，如装配线工人、保安人员等。不足之处是岗位分析人员需要具备较高的素质；不适合对工作循环周期很长的工作与具备偶然突发性的工作进行分析；难以收集到与脑力劳动有关的信息。

第二节　问卷调查法

一、问卷调查法的定义

问卷调查法是指组织相关人员以书面形式回答有关岗位问题，以获取工作信息的调查方法。通常问卷的内容是由岗位分析人员编制的一些问题或陈述，这些问题和陈述涉及实际的行为和心理素质等方面，要求被调查者按给定的方法对这些行为和心理素质在实际工作中的重要性和频次（经常性）进行作答。

从内容上划分，设计调查问卷可以从岗位和人员两个角度考虑，其中岗位定向问卷比较强调工作本身的内容、条件和产出，人员定向问卷则集中于了解工作人员的工作行为和任职资格等方面的内容。

从形式上划分，调查问卷的问题一般可分为开放式问题和封闭式问题两类。

开放式问题，指不为被调查者提供具体答案，而由被调查者自由填答的问题。开放式问题的优点是被调查者可充分自由地按自己的方式表达意见，不受限制；缺点是要求回答者具有较高的知识水平和文字表达能力，问卷填写和信息的归纳整理所花时间和精力都很多，且只能进行定性分析，难以进行定量统计的分析和处理。

封闭式问题，指在提出问题的同时，也给出若干个选项，要求被调查者进行选择回答。封闭式问题的优点是填写方便，对被调查者的文字表达能力没有过高的要求，易于进行定量统计分析；缺点是失去了开放式问题的丰富多样的回答内容。因此,一般的问卷都是将这两种方法结合起来使用,以封闭式问题为主,开放式问题为辅。

二、调查问卷的结构

调查问卷一般由卷首语、问卷主体和其他资料三部分组成。

(一)卷首语

卷首语是调查问卷的自我介绍信。其内容应该包括调查目的、意义和主要内容,选择被调查者的途径和方法,对被调查者的希望和要求,填写问卷的说明,回复问卷的方式和时间,调查的匿名和保密原则,以及调查者的名称等。为了引起被调查者的重视和兴趣,争取他们的合作和支持,卷首语的语气要谦虚、诚恳、平易近人,文字要简明、通俗、有可读性。卷首语一般放在问卷第一页,也可单列一页放在问卷的前面。

(二)问卷主体

问卷主体是问卷的主要组成部分,包括调查询问的问题、回答问题的方式以及对回答方式的指导和说明等。

(三)其他资料

其他资料包括问卷名称、被访问者的地址或单位(可以是编号)、访问员的姓名、访问起始时间、访问完成情况、审核员的姓名和审核意见等。

有的问卷还会有结束语,可以是对被调查者表示真诚感谢,或是征询被调查者对问卷设计和问卷调查的看法。

三、问卷调查法的设计原则及优缺点

一般来说,如果岗位分析的目的是薪酬设计,则可考虑多设计一些结构化程度高的问题,便于定量评分。在进行调查问卷设计时,应注意以下问题:

(1)明确要收集哪些信息,将这些信息设计成问题或项目。

(2)每个问题的目的要明确,语言应简洁易懂,必要时可附加说明。

(3)问卷的问题应根据岗位分析的目的加以调整。

问卷调查法的优点是:在短时间内可以收集较多的工作信息;比较规范化、数量化,适合用计算机对结果进行统计分析;可以收集到准确规范、含义清晰的工作信息；成本低，岗位分析人员比较容易接受，可以随时安排调查。

问卷调查法的不足之处是：问题事先已经设定，调查难以深入；设计质量难以保证，工作信息的采集受问卷设计水平的影响较大；不能面对面地交流信息，从而了解不到被调查对象的态度和动机等较深层次的信息；不易唤起被调查对象的兴趣；除非问卷很长，否则就不能获得足够详细的信息。

四、采用问卷调查法应注意的问题

在问卷调查法的操作使用中，应注意以下几个问题：

(1)事先需征得被调查员工直接主管的同意，尽量获取直接主管的支持。

(2)为被调查员工提供安静的场所和充裕的时间。

(3)向被调查员工讲解岗位分析的意义，说明填写问卷调查表的注意事项。

(4)鼓励被调查员工真实客观地填写调查表，不要对表中填写的任何内容产生顾虑。

(5)随时解答被调查员工填写问卷时提出的问题。

(6)被调查员工填写完毕后，使用调查问卷的人员查看是否有漏填、误填现象。

(7)如果对被调查员工的填写有疑问，立即向被调查员工进行提问。

(8)问卷填写准确无误后，完成信息收集任务，向被调查员工致谢。

(9)使用调查问卷的人员，一定要受过岗位分析的专业训练。

(10)对一般企业来说，尤其是小企业，不必使用标准化的问卷，因为成本高，可考虑使用定性分析法或开放式问卷。

第三节　工作日志法

一、工作日志法的定义

工作日志法是指工作者每天按时间顺序记录自己所进行的工作任务、工作程序、工作方法、工作职责、工作权限以及各项工作所花费的时间等，一般要记录十天以上。它可以向岗位分析者提供一个非常完整的工作图景，再以与员工及其主管进行面谈为辅助手段,这种工作信息收集方法的效果会更好。它适用于管理或其他随意性大、内容复杂的岗位分析。这种方法的基本依据是,从事某一工作的人对这一工作的具体情况和要求最清楚,因此,由工作者本人记录最为经济与方便。但是这种方法有可能存在一定的记录误差,记录者或多或少会带有自己的主观色彩,因此要求事后对记录分析结果进行必要的检查纠正,这可以由工作者的直接上级来实施。

二、工作日志法的基本内容

采用工作日志法,可在一定时间内获取第一手资料。认真记录的工作日志可提供大量信息,如计划工作质量、自主权、例外事务的比例、工作负荷、工作效率、工作中涉及的员工关系等。为保证所收集信息的完整与客观,通常会要求目标岗位员工使用工作日志表记录工作日常。

三、工作日志表的填写规范

要想通过工作日志了解该岗位的日常情况,就需要工作人员按照一定的规范填写工作日志表。工作日志表的填写规范如下所示。

(一)明确填写的时间间隔

填写工作日志的时间间隔为半小时左右,这样能保证填写内容的完整性。时间间隔不能过长,过长会导致填写者因为遗忘而使信息不准确;也不能过短,过短会因为填写工作日志而打乱工作节奏,影响工作的正常开展从而导致信息失真。

(二)填写要真实

工作日志法最大的问题可能是工作日志内容的真实性问题,不真实就丧失了工作日志的职能,不过工作日志失真情况时有发生。

(三)要写有价值的事情

天天如此、数年一致的事(如几点钟上下班)和不值得一提的小事不必写。要写有变化的(如实行夏季作息时间)和有影响的(如谁因几句闲话挨了公司领导的批评,谁因打扫办公室受到了表扬等)。

(四)掌握详略分寸

工作日志记录时应注意详略得当:单纯陈述性内容,可以写得简略些,不必写得过于详细;需要办理的事要写得具体些(如情况如何,要求解决什么问题,解决的方法是什么都要写清楚),以免办理起来出差错。

四、工作日志法的优缺点

工作日志法的优点是:信息可靠性强,适合用于确定有关工作责任、工作内容、工作关系、劳动强度等方面的信息;能在较长时间内记录和收集工作的相关信息,能收集到较为全面的工作信息,不容易遗漏工作细节;所需费用较少;可以收集到最详尽的数据。这种方法的缺点是:将注意力集中于活动过程,而不是结果;具体整理信息的工作量大,归纳工作烦琐;填写者可能会漏填某些内容,从而影响分析后果;填写日志表会影响正常工作;若由第三者填写,人力投入量会很大,不适于处理大量的业务;可能存在误差,需要对记录分析结果进行必要的检查。

五、使用工作日志法应注意的问题

工作日志法在使用过程中应注意以下问题:

(1)工作日志法获取的信息单向来源于任职者,这就容易造成部分信息缺失、理解误差等问题。因此在实际操作过程中,岗位分析人员应采取措施,加强与填写者的沟通和交流,以削弱信息交流的单向性,如事前培训、过程指导、中期辅导等,还可通过工作日志填写者的上级来进行必要的检查和校正。

(2)为减少后期分析的难度,应按照后期分析整理信息的要求,设计结构化程度较高的工作日志,以减少任职者在填写过程中可能出现的偏差和不规范之处。

(3)针对工作日志法的特点,在岗位分析中,工作日志法常与其他方法相结合使用,较少作为唯一的信息收集技术。在实际工作中,许多岗位分析专家多以组织既有的日志作为拟订问卷、计划访谈的参考资料。

第四节 访谈法

对于许多工作,分析者不可能实际去做观察(如飞行员的工作),或者不可能去现场观察,或难以观察到(如建筑师的工作)。在这种情况下,就必须访问工作者,了解他们的工作内容、工作方法及其原因,由此来获得岗位分析的资料。

一、访谈法的定义

访谈法也称为面谈法,就是通过岗位分析人员与任职人员面对面的谈话来收集工作信息的方法,可以采用个别访谈的形式,也可以采用群体访谈的形式。访谈法是岗位分析中经常要用到的一种方法。从理论上来讲,任职者最清楚自己的本职工作,通过面对面交换信息,除了了解有关工作的一般信息外,分析人员还可以比较详细地了解有关任职者的工作态度、工作动机等深层次反映其生理特征的内容,以运用到具体的管理实践中去。

二、访谈法的分类

(一)根据访谈对象划分

根据访谈对象的不同,访谈法可分为个别员工访谈法、群体访谈法和主管人员访谈法三种:

(1)个别员工访谈法主要适用于各个员工的工作有明显差别,岗位分析时间又比较充裕的情况。

(2)群体访谈法适用于多个员工从事同样或相近工作的情况。进行群体访谈时,应请这些员工的上级主管人员到场,或是事后向主管人员征求对收集到的信息的看法。

(3)主管人员访谈法指与一个或多个主管面谈,因为他们对工作非常了解,这样有助于减少岗位分析的时间。

需要注意的是:有时有些工作的主管人员与任职者所提供的信息不同,分析人员需要对双方提供的信息进行对比、分析、整理,必要时可以安排重新访谈。实际上,人们通常将三种形式综合运用,以求获得更准确的信息。

(二)按照内容结构化程度划分

按照内容结构化程度划分,访谈法可分为结构化访谈和非结构化访谈。结构化访谈一般是事先准备一份访谈问题清单,并将问题排好顺序,访谈时就按此问题清单与访谈者进行交流。其特点是收集信息比较全面,能对所有访谈者都实行同样内容的访谈,便于分析和比较。非结构化访谈没有固定格式,没有固定内容,所谈问题可以因人而异,访谈者和任职者可以就一些开放式问题进行讨论。其特点是:灵活性强,可以根据实际情况灵活收集所需信息,但在收集信息的完备性方面存在缺陷。

实际运用中,往往将两者相结合,以结构化访谈提纲作为访谈的一般性指导,访谈过程中根据实际情况就某些关键问题进行深入访谈。

(三)根据访谈程度划分

根据访谈程度划分,访谈法可分为常规访谈和深度访谈。与常规访谈相比,深度访谈的主题更集中,交流更具体和深入,需要运用即时即景追问的技巧。

三、访谈法的内容

访谈法的访谈内容主要涉及岗位设置目的、工作内容、工作性质与范围以及任职者所需负的责任等方面。了解组织为何设置此岗位,根据什么来确立这一岗位的报酬;了解该岗位对组织目标的贡献程度有多大;了解工作性质与范围,以及该工作在组织中的地位;了解工作所需的技术知识、管理知识、人际知识、需要解决的问题以及任职者的自主权等内容,这些都是访谈的核心。在访谈进行之前,需要确定访谈对象,访谈对象应该是熟悉该岗位工作的人员。在实际操作中,可以查阅与整理有关岗位职责的现有资料,在大致了解岗位情况的基础上,访问这些岗位的任职者,和他们一起讨论工作的特点和要求。同时,也可以访问有关岗位的管理者和从事岗位培训工作的人员。由于访谈涉及的问题较多,为了避免遗漏,保证访谈质量,最好事先拟订一份详细的访谈问题清单或访谈提纲,这样便于记录、归纳与比较。

四、访谈法的优缺点

访谈法的优点在于可以得到体力、脑力工作以及其他不易观察到的多方面信息。不足之处在于访谈对象对访谈的动机往往持怀疑态度,回答问题时有所保留;访谈人员容易从自身利益考虑而导致信息失真。

第五节 关键事件法

一、关键事件法的定义及其适用范围

关键事件法源自第二次世界大战时军队开发的关键事件技术,这种技术在当时是由于识别各种军事环境下导致人力绩效的关键性因素的手段。在岗位分析中,关键事件是指导致工作成功或失败的关键行为特征或事件。关键事件法(Critical Incident Technique,简称CIT)又称"关键事件技术",它要求分析人员、管理人员、本岗位员工,将工作过程中导致工作成功或失败的关键行为特征或事件加以详细记录,在大量收集信息后,对岗位的特征和要求进行分析研究的方法。

CIT法主要用于工作周期长、员工工作行为对组织任务的完成具有重要影响的工作。与其他岗位分析方法相比,CIT的特殊性表现在它是基于特定的关键行为与任务信息来描述具体工作活动的一种方法,并不对工作构成一种完整的描述,无法描述工作职责、工作任务、工作背景和最低任职资格等情况。因此,在岗位分析中,关键事件法通常需结合其他方法一起使用。

CIT法是一种常用的行为定向法,它能有效地提供任务行为的范例,适用于外显性的工作。除了用于岗位分析外,它还常常被用于培训需求评估和绩效评估中。

二、关键事件的内容

(一)关键事件的种类

关键事件是指导致工作成功或失败的关键行为特征或事件。因此,按其导致的结果不同,关键事件可分为正向关键事件和负向关键事件。

正向关键事件是指对个人绩效或组织绩效产生积极影响的关键事件。它主要包括:导致超出个人绩效承诺目标或一般要求的工作绩效,对提高组织绩效有重大贡献的行为或事件;支持周边协作、跨部门项目工作的行为或事件;在本职工作以外为部门的文化与组织氛围建设作出明显贡献的行为或事件;提出

合理化建议并取得重要或重大成果等。

负向关键事件是指对个人绩效或组织绩效产生消极或负面影响的关键事件。一般而言,负向关键事件包括重大或重要的工作失误、重大的违纪行为、导致工作效率低下的行为或事件等。

(二)关键事件的特点

关键事件是由员工个人或团队的关键行为产生的,对个人或团队绩效产生决定性影响的行为结果。它能够反映个人的行为特征,能够表现出关键行为对工作本身、工作团队或其他部门产生的较大作用,对工作的开展有较深远的影响。

关键事件主要有三个特点:①关键事件与个人绩效和组织绩效具有内在的必然联系,前者是原因,后者是结果;②关键事件关注的是达成绩效目标过程中的行为或事件;③关键事件与组织认同的组织文化、胜任力特征和任职资格标准具有相关性,后者是对个人关键事件性质的判断依据。

(三)关键事件的记录

记录关键事件应包括以下几方面的内容:①导致事件发生的原因和背景;②员工特别有效或无效的行为;③关键行为的影响及后果;④员工自己能否支配或控制上述结果,即上述结果是否真的是由员工的行为引发的。

三、关键事件法的实施方法、实施步骤

关键事件法可通过对目标岗位进行一段时间关注,并对比研究从而得到需要的结果。实施关键事件法主要采用STAR法。STAR法是由四个英文单词的第一个字母表示的一种方法。由于STAR英文翻译后是星星的意思,所以又叫"星星法"。

使用STAR法记录某一事件要从四个方面展开。情境S(Situation),主要是指这件事情发生时的情境是怎么样的,由哪些因素导致的;目标T(Target),当事人为什么要做这件事,完成这件工作的具体目标是什么;行动A(Action),为了完成工作任务或实现目标,能想到或采取的措施有哪些,哪些是有效行为或措施;结果R(Result),具体经过了什么样的行为过程,最终产生了怎样的效果。关键事件法的实施需要识别关键事件、记录信息和资料、分析岗位特征以

及形成研究分析报告四个步骤。

(一) 识别关键事件

运用关键事件分析法进行岗位分析,其重点在于对岗位关键事件的识别,这对调查人员提出了非常高的要求。一般非本行业、对专业技术了解不深的调查人员很难在短时间内识别该岗位的关键事件是什么,如果在识别关键事件时出现偏差,将会给调查的整个结果带来巨大的影响。

(二) 记录信息和资料

识别关键事件后,调查人员应记录以下信息和资料,这部分内容可以参考现有岗位说明书或通过岗位分析人员的观察、访谈获取。①导致该关键事件发生的前提条件是什么;②导致该关键事件发生的直接和间接原因是什么;③关键事件的发生过程和背景是什么;④任职者在关键事件中的行为表现是什么;⑤关键事件发生后的结果如何;⑥任职者控制和把握关键事件的能力如何。

(三) 分析岗位特征

通过对上述问题的回答,岗位分析人员可以准确、有效地识别岗位工作的关键事件和核心工作职责。在此基础上岗位分析人员可以对该岗位特征进行分析,结合收集到的资料得出结论。

(四) 形成研究分析报告

将上述各项信息资料详细记录后,可以对这些信息资料做出分类,并归纳总结出该岗位的主要特征、具体要求和任职者的工作表现情况。通过对不同事件的对比研究,形成研究分析报告,达成岗位分析的最终目的。

四、关键事件法的优缺点

关键事件法的优点是:简单快捷地获得非常真实可靠的资料,由于是在行为进行时的观察与测量,因此所描述的工作行为建立的行为标准就更加准确;能更好地确定每一行为的作用。但这个方法也有两个主要的缺点:一是费时,需要花大量的时间去收集那些关键事件,并加以概括和分类;二是关键事件是指显著地对工作绩效有效或无效的事件,因此那些不显著的工作行为容易被忽略,难以把握整个工作实体。而对工作来说,最重要的一点就是要描述"平均"

的职务绩效。利用关键事件法时,难以涉及中等绩效员工的关键事件,因而全面的岗务分析工作就不能完成。

五、运用关键事件法应注意的问题

(1)调查的期限不宜过短。

(2)关键事件的数量应足以说明问题,事件数目不能太少。为了有效识别关键工作行为,需要在一定数量的事件中分析和探究影响工作绩效的关键行为。一般不得少于4件,这些事件必须尽可能描述得详细、完整。

(3)正反两方面的事件都要兼顾,不得偏顾一方。在关键事件的收集中,被调查者往往愿意提供正面的典型事例,甚至过分精心地夸大一些正面小故事的难度或危险性,而对于一些失败的事件,则不愿提及或想不起来。因此,岗位分析人员在收集关键事件时要注意正反两方面的事件都要收集。

第六节　主题专家会议法

一、主题专家会议法的定义及其适用范围

主题专家会议法是指将企业内部和外部熟悉目标岗位的人员召集起来,就目标岗位的相关信息展开讨论,以收集信息的一种岗位分析方法。主题专家(Subject Matter Experts,SMEs)的成员可以是组织内部成员,包括任职者、直接上级、曾任职者、内部客户、其他熟悉目标岗位的人;也可以是组织外部成员,包括咨询专家、外部客户和其他组织标杆岗位任职者。主题专家会议法是当前国内运用最广泛而有效的岗位分析方法之一,它在岗位分析中主要用于建立培训开发规划、评价工作描述、讨论任职者的绩效水平、分析工作任务,以及进行工作设计等。

专家会议在组织活动中有着广泛的应用,如传统的德尔菲法,也是一种重要的岗位分析方法。专家会议的过程就是与岗位相关的人员集思广益的过程,通过组织的内部—外部、流程的上游—下游、时间上的过去—当前—将来等多方面、多层次的交流达到高度的协调和统一,因此它除了有收集信息的用途之外,还担负着最终确认岗位分析成果并加以推广运用的重要职能。专家会议法

中也多用到文献分析法。文献分析法主要是为了降低岗位分析的成本,利用现有的各类文献和资料,对每个工作的任务、责任、权利、工作负荷、任职资格等有一个大致的了解,为进一步调查奠定基础。

二、主题专家会议的准备工作

由于主题专家会议是一种规范化、制度化、高要求的会议,所以为保证它能取得良好的效果需要做多方面的准备。

(1)主题专家会议要求主持人有较强的表达能力、协调能力以及阅读并驾驭整个会议的能力。他的主要职责是:召集会议、控制进程、提出议题、与与会者讨论并作出决议、准备并分发会议所需的资料、对讨论过程中的分歧问题在会后进行调研复核,并将结果反馈给相关人员。

(2)与会专家主要为上司、咨询专家、外部客户、其他组织标杆岗位任职者等,人数控制在5~8人为宜。

(3)会议主持人应事先准备好相关书面材料或其他媒体材料,如需确认的岗位分析初稿、问卷、访谈提纲等。

(4)提前通知与会者会议的组织与安排,准备好会议所需的相关文件资料。

(5)安排布置会场以及做好与会议相关的后勤保障工作。

三、主题专家会议法的主要优缺点

主题专家会议法的优点:具备多方沟通协调的功能,有利于岗位分析结果最大限度得到组织的认同以及后期的推广运用;可以运用于岗位分析的各个环节;操作简单,适合各类组织应用,尤其对发展变化较快或工作职责还未定型的企业,其优势更为突出。这一方法的不足之处在于:结构化程度低,缺乏客观性;受到与会专家的知识水平及其相关工作背景的制约。

四、主题专家会议法操作的注意事项

(1)主题专家会议法的首要特点就是集思广益,因此会议主持人要注意营造会场平等、互信的气氛。

(2)主题专家会议的组织者应在会议之前进行周密的计划安排,提供相关

信息,协调与会人员时间,做好会议后勤保障工作。

(3)主题专家会议应有专人记录,以备查询。

(4)对于主题专家会议未形成决议的事项,应在会后由专人负责办理,然后将结果反馈给与会人员。

第七节　岗位分析问卷法

一、岗位分析问卷法的含义

岗位分析问卷法(Position Analysis Questionnaire,简称 PAQ)是一种基于计算机的、以人为中心的、通过标准化、结构化的问卷形式来收集工作信息的定量化的工作分析方法。它是美国普度大学(Purdue University)麦克米克(E. J. McCormick)等人花费 10 年时间于 1972 年开发出来的,经过多年实践的验证和修正,PAQ 已成为使用较为广泛并有相当信度的岗位分析方法。

PAQ 包括 194 个项目,其中 187 项被用来分析工作过程中员工活动的特征(工作元素),另外 7 项涉及薪资问题。这些问题代表了从各种不同的工作中概括出来的各种工作行为、工作条件以及工作本身的特点。虽然岗位分析问卷的格式已定,但仍可以用来分析许多不同类型的工作。由于岗位分析问卷填写的难度较大,一般需要大学以上文化程度的人员才能清楚地了解岗位分析问卷中各个问项的要求。

PAQ 法的元素与问题共分为六个类别:信息输入、思考过程、工作产出、人际关系、工作环境和其他特征。具体内容如表 4-1 所示。

表 4-1　PAQ 工作元素的分类

类别	内容	例子	工作元素数目
信息输入	员工在工作中从何处得到信息,如何得到	如何获得文字和视觉信息	35
思考过程	在工作中如何推理、决策、规划,如何处理信息	解决问题的推理难度	14

续表

类　别	内　容	例　子	工作元素数目
工作产出	工作中有哪些体力活动,需要哪些工具与仪器设备	使用键盘式仪器、装配线	49
人际关系	执行工作时与哪些人员有关系	指导他人或与公众、顾客接触	36
工作环境	工作中的自然环境与社会环境是什么	是否在高温环境或与内部其他人员冲突的环境下工作	19
其他特征	与工作相关的其他活动、条件或特征是什么	工作时间安排、计酬方法、岗位要求	41

二、岗位分析问卷法的计分标准

在应用这种方法时,岗位分析人员要依据六个计分标准对每项工作要素进行衡量,给出主观评分。这六个计分标准是:

(1)使用程度(U)——员工使用该项目的程度。

(2)对工作的重要程度(I)——问题所细分出来的活动对于执行工作的重要性。

(3)工作所需的时间(T)——做事情所需要花费的时间比例。

(4)适用性(A)——某个项目是否可应用于该岗位。

(5)发生的概率(P)——工作中身体遭受伤害的可能性程度。

(6)特殊计分(S)——用于PAQ中特别项目的专用等级量表。

在岗位分析问卷中,每个岗位因素前都标有代码,表示相应的衡量标准。

三、岗位分析问卷的操作流程

岗位分析问卷在操作中包含七个步骤:明确目的、获取支持、确定方法、人员培训、项目沟通、信息收集以及结果分析。

(一)明确岗位分析的目的

岗位分析并不是目的,应用岗位分析的结果更好地实现某些人力资源管理职能,才是岗位分析的最终目的。岗位分析的目的可以是建立甄选或晋升标准、确定培训需求、建立绩效评价要素或职业生涯规划等。

(二)获取组织支持

首先要明确组织文化,针对不同的文化选择不同的信息收集方式;其次要确定岗位分析的开展方式,明确是从高级岗位往下开展还是从低级岗位往上推进;最后要制订具体方案并交管理者审阅,以获得管理层的重视与支持。

(三)确定信息收集的范围与方式

PAQ 的数据收集有很多方式,概括起来无非是两个问题导致不同的选择:谁来收集数据以及谁是工作信息的提供者。就第一个问题而言,岗位分析员可以是专业岗位分析员、任职人员或该工作的主管人员,不同的人员又决定了岗位分析培训的不同程度。就第二个问题而言,选择工作信息的提供者是与岗位分析员的确定相联系的。一旦选定了岗位分析员的类型,就必须能识别提供工作信息的个体。通常,工作信息的提供者是有着丰富经验的任职人员。

具体来说,岗位分析的信息收集方式主要有以下两种:

(1)岗位分析专业人员填写岗位分析问卷、任职人员或直接主管提供工作信息的方式。

(2)任职人员直接填写岗位分析问卷的方式。

(四)培训岗位分析人员

岗位分析人员培训的内容是:熟悉岗位分析本身(目的、意义、方法)、岗位分析问卷的内容、操作步骤以及收集数据的技巧。

(五)与员工进行沟通

需要传递给员工的基本信息包括:岗位分析的目的、时间计划以及数据收集方式等。

(六)信息收集

在确定信息策略、培训岗位分析人员以及与员工进行必要的沟通之后,便进入实际的信息收集阶段。需要指出的是,第三个步骤中确定的信息收集范围与方式,特别是岗位分析人员的类型,将在很大程度上直接决定获取岗位信息的具体方法,如访谈法、观察法、直接问卷法等。

例如,假设在第三个步骤中采取的是由专业人员填写岗位分析问卷、任职人员或直接主管人员提供信息的方式,那么信息收集的具体方法则可以是访谈法或观察法,也可以是两者的结合。就访谈法而言,由于PAQ措辞的一般性和相对晦涩,通常在访谈之前,岗位分析小组可以根据PAQ的结构,以及被分析工作的实际情况来设计补充的岗位分析表格,然后再使用这些表格实施结构化的访谈。访谈结束之后,则使用讨论决定的标准将访谈结果直接对应到岗位分析问卷的各项目中。另外需要指出的是,对任职者的访谈和与直接主管的访谈都是有价值的。而且实践经验表明,将主管与任职者组织在一起访谈和分别与任职者进行访谈的效果是一样的,也就是说,主管人员在场与否不会影响任职者提供信息。但有时候情况却会恰恰相反,员工会把与主管一起接受访谈看成一次机会,可以向主管陈述主管平时没有注意的一些重要信息。而采用观察法,岗位分析员可以直接观察工作场所,观察任职者执行一项或者多项工作任务。

(七) 分析岗位分析结果

在所有岗位分析问卷填写完毕后,不但可以明确各项工作对人员的任职资格要求,而且可以根据需要进行其他分析。对此,由于PAQ所收集的是经验性资料,所以一系列广泛的分析都是可以利用的,包括从简单的制表到更复杂的分析。例如,研究表明,PAQ测定了32项具体的、13项总体的工作维度。通过这些维度可以对任何一项工作进行评分。经过评价以后,工作内容的概况就可以建立起来并用于描述所分析岗位的特征。因此,PAQ使通过应用工作维度评分定量化地描述某一岗位成为可能。接下来,这些维度评分能够用于对岗位所需雇员的任职资格进行直接评估,甚至进而开发和挑选出用于评价这些重要雇员任职资格的测试和其他甄选技术。

四、岗位分析问卷法示例

扫描下方二维码,可以看到岗位分析问卷法的一个示例,以供使用者参考。

五、岗位分析问卷法的优缺点

岗位分析问卷法的优点在于同时考虑了员工与岗位两个变量因素,并将各种岗位所需要的基础技能与基础行为以标准化的方式罗列出来,为人力资源调查、薪酬标准制定等提供了依据。这一方法的缺点是:不能描述实际工作中特定的、具体的任务活动;使用范围有一定的限制;花费时间很长,成本很高,程序非常烦琐。

第八节 功能性岗位分析法

一、功能性岗位分析法的含义

功能性岗位分析法(Functional Job Analysis,简称FJA),又称功能职务分析法,是一种以工作为中心的分析方法,它是美国培训与职业服务中心(U.S. Training and Employment Service)的研究成果。功能性岗位分析法主要针对工作的每项任务要求,分析完整意义上的工作者在完成这一任务的过程中应当承担的职责,以获取与通用技能、特定工作技能和适应性技能三种技能相关的信息。它的核心是:通过总结员工在工作时对数据、人、事的处理方式进行工作职能的分析,并在此基础上归纳出任职说明、绩效标准、培训需求等。

采用功能性岗位分析法应注意以下四项要求:①工作设施要与员工的身体条件相适应;②要对员工的工作过程进行详细分析;③要考虑工作环境对员工生理和心理的影响;④要考虑员工的工作态度和积极性。

二、功能性岗位分析法的构成

(一)FJA的理论依据

FJA依据共同的人与工作关系理论。简而言之,这一理论认为所有工作都涉及工作执行者与数据、人、事三者的关系。工作执行者与数据、人、事发生关系时的工作行为,可以反映工作的特征、工作的目的和人员的职能。数据、人、事三个关键性要素界定如下:

数据:指与人、事相关的信息、知识、概念,可以通过观察、调查、想象、思考、分析获得,具体包括数字、符号、思想、概念、口语等。

人:指人或者有独立意义的动作,这些动作相当于人在工作中的作用。

事:指人为控制无生命物质的活动,这些活动的性质可以以物本身的特征反映出来。

(二)FJA 的职能等级

作为一种岗位分析系统,FJA 的核心是分析工作职能,即通过分析任职者在执行工作任务时与数据、人、事的关系对职能进行分析。行为的难度越大,所需的能力越高,也就说明工作者的职能等级越高。

(三)句法分析技术

在 FJA 中,这是一种用文字精确描述职位的方法。一般通过一个句子提供有关岗位工作内容的信息,即一个工作人员做什么(使用一个动词和一个直接宾语),他为什么要做这项工作或他已经做了什么,以及最终结果是什么。也就是说,进行功能性岗位分析之前,岗位分析者必须从根本上区分要完成什么工作和为了完成该工作应该做些什么。如果岗位分析者对某项特定工作应完成什么与应做什么这两个概念区分得并不是很清楚,会造成工作行为和工作结果混淆,并直接导致工作者实际的工作行为和需要他们完成的工作行为被混淆。

(四)职业领域

职业领域是对该领域各职业共同的工作任务、方法、程序等内容的总结,以此说明该领域内职业的共同特征。研究职业领域对岗位分析很有必要,它把岗位分析放在一个宽泛的框架内,以便了解岗位的基础特征。

(五)人员指导尺度

人员指导将工作任务分为两类:一类是指定的,一类是可自由决定的。指定的任务,工作人员无法选择要干什么、如何干,这项任务一般是例行的、程序化的。可自由决定的任务指工作人员期望的,在执行过程中需要自行判断、计划、决策的任务。一般而言,管理层人员的工作自由度高、不确定性强,而执行操作层人员的任务一般是确定的。

(六)人员特性(性向)

FJA 列出了执行工作人员所需的几种特性,分别是培训时间(包括普通教育时间和专业技术培训时间)、性格、气质、兴趣、体能等。每项因素又细分为多个元素,每个元素均有定义和相应的等级。

三、功能性岗位分析法的操作流程

为了建立功能性岗位分析任务库,需要按照一些基本的操作步骤才能覆盖任职者必须完成的 95% 以上的工作内容。具体操作步骤如下。

(一)回顾现有的工作信息

岗位分析人员必须熟悉主题专家组的语言(行话)。每一份工作都有其独特的语言,因为其处在特定的组织文化和技术环境中,必然带有特殊的印记。现有的工作信息,包括工作内容描述、培训材料、组织目标陈述等,应该都能使岗位分析者深入了解工作语言、工作层次、固定的操作程序以及组织的产出情况。这个步骤通常会花费 1~3 天的时间,主要取决于可得的信息量以及时间的安排。这一步骤会减少小组会谈的时间和精力。

(二)安排同主题专家组的小组会谈

同主题专家组进行的小组会谈通常要持续 1~2 天时间,主题专家组的人员构成从范围上要尽可能广泛地代表工作任职者。会议室要配备必要的设备,包括投影仪、活动挂图、涂改带等,会议室的选址要远离工作地点,以尽可能避免受到工作环境的影响。

(三)分发欢迎信

自我介绍后,岗位分析人员应当向与会者分发一封欢迎信,来解释小组会谈的目的,尤其要点明参与者是会议的主体,要完成大部分工作,而岗位分析者只是作为获取信息的向导或作为这项工作的促进者。

(四)确定 FJA 任务描述的格式与标准

岗位分析人员应该事先准备好至少三张演示图。第一张图是任务陈述图,显示任务结构。第二张图显示工作者职能水平等级和取向。第三张图最好准备一个难度、复杂程度中等的任务的例子。这三张演示图实际上是给主题专家组提供任务陈述的格式和标准。这个过程大概会花费 20~30 分钟。

(五)列出工作产出

岗位分析人员可通过以下问题引导主题专家组列出工作产出:你认为被雇用的工作任职者应该提供什么产品或服务?工作的主要结果是什么?主题专家组列出的工作结果可能是物(各种类型的实物)、数据(报告、建议书、信件、统计报表、决议等)、服务(对人或者是对物)。通常工作结果很少超过10条,多数情况是5~6条。岗位分析人员将这些工作结果整理好列入活动挂图,挂在墙上。

(六)列出任务

请主题专家组从任意一个工作结果着手,描述需要完成哪些任务才能得到这个工作结果。所列出的工作任务应能覆盖日常工作的95%以上,并确信没有遗漏重要的任务项。

(七)推敲任务库

一方面,每一项工作产出对应的任务都被写出来之后,我们会发现某些任务在不同工作产出中反复出现,比如"沟通"。在某些情形下,同样的任务会在信息来源或最终结果上有细微差别。另一方面,主题专家应说明有多少任务会以相同的行为开始。这能使任职者对自己的工作有一个全面深刻的认识,不仅可以认识到不同工作之间的相似之处,还可以认识到哪些任务是琐细的,应该作为其他任务的一部分而存在,而哪些任务却是可以拆分为多个部分的。

(八)提炼绩效标准

主题专家组在完成任务库之后,下一步要列出圆满地完成任务的任职者需具备的素质,也就是提炼出相应的任务绩效标准。岗位分析人员可使用下面的问题来引导小组进行分析:设想自己是某项工作的管理者,需要为这项工作找一个合适的雇员,你将以什么标准来甄选?

主题专家组在考虑雇员的素质特征时,应将任务及其所对应的行为联系起来考虑这些素质特征以什么方式、在何处体现出来。因很多任务都需要相同的素质特征,主题专家组应进一步说明其中哪些素质特征比较重要,哪些最为关键。在分析这些素质特征赖以成长的经验时亦是如此。完成这些工作后,小组会议就可以结束了,功能性岗位分析的应用过程可以开展了。

四、功能性岗位分析法示例

在进行岗位分析时,岗位分析人员应先用一组具有代表性的基本活动来描述一名员工事实上能对数据、人、事做些什么。例如接待员的工作,岗位分析人员可以将这项工作的等级根据以上三个方面的因素(与数据、人、事有关的方面)分别标注5、6、2,这代表复制信息、同别人交谈/传递信息、处理事情。形成的记录表如表4-2所示。

表4-2　FJA记录表

岗位:接待员

任务:信息处理

做什么		为什么	怎么做		职能		
工作行为	工作对象	为了什么	使用哪些工具	根据什么指导	数据	人	事
接收					___% 5	___% 6	___% 2
检查							
……							
备注							

五、功能性岗位分析法的优缺点

功能性岗位分析法的优点在于它能对工作内容提供一种非常彻底的描述,对培训的绩效评估极其有用。这一方法的缺点是:要求对每项工作任务都做出详细的分析,比较耗费精力和时间;不记录有关工作的背景信息。

第九节　岗位分析方法的比较与选择

岗位分析方法的多样性一方面为岗位分析人员提供了多种可供选择的方法,另一方面也增加了岗位分析方法的选择难度。人们常常难以判断哪种方法的效率更高、更适用、更能有效地帮助解决组织内的特定问题。不同岗位分析方法在实际应用中各有侧重,任何一种岗位分析方法都不是最好的。因此,岗位分析人员在实践中通常并不仅仅使用一种方法,而是将多种方法结合起来使用,以达到更好的效果。比如,在分析事务性工作和管理工作时,岗位分析人员可能会采用问卷调查法,并辅之以访谈和有限的观察;在分析生产性工作时,可能采用访谈法和广泛的观察法来获得必要的信息。充分、完整的岗位分析需要投入大量的时间、精力和资金,所以必须对分析方法进行筛选。如果选择时能根据需要和自身特点综合考虑,比较其利弊,则会使时间、精力和资金得到最有效的利用。

一、岗位分析方法的比较

前文介绍的各种分析方法,它们在分析导向、信息收集方法、分析方法上存在较大差异,因此在选择岗位分析方法时,要关注各种岗位分析方法在不同类型的工作、不同的人力资源管理领域方面特殊的适用性。各种岗位分析方法内在的性质决定了其在使用过程中各自不同的关注点。前文所述的岗位分析方法的优劣比较如表4-3所示。

表4-3 岗位分析方法优劣对比

分析方法	优 势	劣 势
观察法	可以获得工作现场的第一手资料,结果比较客观、准确; 适用于工作内容主要是由身体活动来完成的工作,如装配线工人、保安人员等	岗位分析人员需要具备较高的素质; 不适合对工作循环周期很长的工作与具备偶然突发性的工作进行分析; 难以收集到与脑力劳动有关的信息
问卷调查法	短时间内可以收集较多的信息; 规范化、数量化,适合用计算机对结果进行统计分析; 可收集到准确规范、含义清晰的信息; 成本低,可随时安排调查	不易唤起被调查对象的兴趣; 除非问卷很长,否则就不能获得足够详细的信息; 不容易了解被调查对象的态度和动机等较深层次的信息; 信息的采集受问卷设计水平的影响较大

续表

分析方法	优　势	劣　势
工作日志法	信息可靠性强； 所需费用少； 可收集到最详尽的数据	整理信息的工作量大； 可能存在误差,需对记录分析结果进行必要的检查
访谈法	可以得到体力、脑力工作以及其他不易观察到的多方面信息	访谈对象对访谈的动机往往持怀疑态度,回答问题时有所保留； 访谈人员容易从自身利益考虑而导致信息失真
关键事件法	简单、快捷地获得真实可靠的资料； 所描述的工作行为、建立的行为标准更准确； 能更好地确定每一行为的作用	归纳事例需耗费大量时间； 易遗漏一些不显著的工作行为,难以把握整个工作实体
主题专家会议法	具备多方沟通协调的功能,有利于最大限度得到组织的认同以及后期的推广运用； 可以运用于岗位分析的各个环节； 操作简单,适合于各类组织应用	结构化程度低,缺乏客观性； 受到与会专家的知识水平及其相关工作背景的制约
岗位分析问卷法	同时考虑了员工与岗位两个变量因素,并将各种岗位所需要的基础技能与基础行为以标准化的方式罗列出来,为人力资源调查、薪酬标准制定等提供了依据	不能描述实际工作中特定的、具体的任务活动； 使用范围有一定的限制； 花费时间很长,成本很高,程序非常烦琐
功能性岗位分析法	对工作内容描述彻底	要求对每个岗位都做详细的分析,比较耗费精力和时间； 不记录有关工作的背景信息

(一)岗位分析方法适用的工作类型比较

工作类型的内在与外在差异决定了必须从不同的角度入手,最大限度地了解和界定工作的内涵与外延。为了达到这一目的,必须根据各种岗位分析方法的特点、属性加以适当选择。因此鉴别和掌握各种岗位分析方法的适用范围，是合格的岗位分析人员专业知识架构中不可或缺的部分。各种岗位分析方法的具体适用范围参见表4-4。

表4-4 各种岗位分析方法适用的工作类型比较

岗位分析方法	适用的工作类型
观察法	工作简单,标准化、重复性强的操作类工人与基层文员
问卷调查法	各类工作,但对文字阅读、理解、表达能力较差的人不适用
工作日志法	除工作循环周期长、技术含量高的专业性工作以外的各类工作
访谈法	各类工作
关键事件法	员工工作行为对组织任务的完成具有重要影响的工作
主题专家会议法	中高层管理职位及关键核心岗位
岗位分析问卷法	操作工人与基层管理职位
功能性岗位分析法	各类工作

(二) 岗位分析方法适用的人力资源管理职能领域比较

如前所述,岗位分析是组织管理中的一项基础性工作,它的分析结果可以应用到人力资源管理的各个领域。但是,任何一种岗位分析方法都不可能在所有应用范围中表现出良好的效果,因此在选择岗位分析方法时要考虑与人力资源管理功能领域的对应性,以充分发挥其效能。不同的岗位分析方法在不同的应用领域中所表现的不同价值见表4-5。

(三) 岗位分析方法的使用关注点比较

岗位分析方法的使用要受到外部许多因素的影响和制约,在选择岗位分析方法时要考虑这些起影响和制约作用的因素,以保证所选用的岗位分析方法具有可行性,这些因素被称为岗位分析方法的使用关注点。关注点主要有岗位的多样性、样本的规模、标准化、成本、时间和信度等。例如出于对控制岗位分析成本的考虑,大规模的访谈就受到限制,因为访谈需要消耗大量的人力、物力。岗位分析方法的使用关注点比较见表4-6。

表 4-5　岗位分析方法适用的 HR 职能领域比较

		观察法	问卷调查法	工作日志法	访谈法	关键事件法	主题专家会议法	岗位分析问卷法	功能性岗位分析法
HR职位领域	工作描述		√	√	√		√		√
	工作分类			√				√	√
	工作评价	√					√	√	√
	工作设计			√					
	工作规范		√		√			√	
	绩效评估					√	√		√
	培训开发		√		√				
	人员流动							√	√
	HR规划		√				√	√	√

表 4-6　岗位分析方法的使用关注点比较

	观察法	问卷调查法	工作日志法	访谈法	关键事件法	主题专家会议法	岗位分析问卷法	功能性岗位分析法
岗位多样性		√		√			√	√
样本规模		√					√	√
标准化			√				√	
成 本	√	√					√	
时 间	√	√		√			√	
信 度			√		√		√	√

二、岗位分析方法的选择

选择岗位分析方法时应综合考虑以下几个方面的因素：

（1）方法与目的的匹配性。即所选择的岗位分析方法是否有利于岗位分析目的的实现。具体可参见岗位分析方法适用的 HR 职能领域比较表。

（2）成本的可行性。考虑成本的可行性，就是要结合组织自身的实力，考虑与使用该方法所花费的成本相比，是否能够获得较高的利益或价值。这里所指的成本包括材料费用、培训费用、咨询费用、人工成本等。使用不同的方法，会涉及不同的成本,比如一般问卷调查法的成本较低,而主题专家会议法的成本则较高。

(3)方法的适用性。要考虑所选择的方法与对应的工作和任职者是否适用,具体可参见各种岗位分析方法适用的工作类型比较表。

(4)方法使用的便利性。即使用该岗位分析方法是否方便,是否有什么因素限制它的使用等。

(5)时间上的考虑。岗位分析不可能无时间限制地进行下去,因此要充分考虑到时间方面的限制,即从开始实施一直到岗位分析结束,要事先规定一个期限。除非有特殊情况,一般不要超出规定时间,以免影响后续工作的开展。例如,一般问卷法所需时间较短,而关键事件法则很耗时。

(6)信度与效度方面。信度是指不同的岗位分析人员对同一工作的分析所得到的结果的一致性和同一岗位分析人员在不同的时间对同一个岗位分析所获得的结果的一致性。效度是指该方法对职责的重要性,完成职责所需的技术和能力的描述的准确性。岗位分析方法的使用会直接影响岗位分析的进程与质量,对于方法的使用一定要认真评估,并加以改进,这对下一次的岗位分析具有非常重要的指导意义和参考价值。

(7)培训需求。这是指在使用这种方法时需要进行培训的等级,即岗位分析人员需要经过多长时间的培训才能独立操作该岗位分析系统。

(8)标准化。该方法制定的标准能否应用在不同时间和不同来源的岗位分析资料中。

第五章
智能化煤矿岗位描述与工作规范

第一节　智能化煤矿岗位描述

岗位分析通过对工作信息的收集、整理、分析与综合,最终形成两种结果:岗位分析报告和岗位说明书。岗位分析报告的内容较自由广泛,主要用来阐述在岗位分析过程中发现的组织与管理上的问题和矛盾,以及针对这些问题和矛盾的解决方案。岗位说明书是以一定的格式对岗位的工作及其任职的资格条件进行描述的陈述性文件。一份完整的岗位说明书包括岗位描述与岗位规范两大方面的内容。但是,岗位描述主要是涉及工作执行实际在做什么、如何做以及在什么条件下做的书面文件;岗位规范说明工作执行人员为了圆满完成工作所必须具备的知识、能力、技术等各项要求。这两部分并非简单地排列在一起,而是有着紧密的内在联系,两者共同形成了一个系统的体系。由于岗位不同,编写格式也不同,使得编写出来的岗位描述呈现出不同的模式。一般情况下,岗位描述包含以下几个方面的内容:①工作标识;②工作范围;③工作职责;④工作权限;⑤业绩标准;⑥工作关系;⑦工作压力因素与工作环境。

一、工作标识

工作标识又称工作识别、工作认定,是识别某一工作的基本要素,即某一工作区别于其他工作的基本标志,主要包括以下信息。

(一)工作名称

工作名称是指一组在重要职责上相同的岗位总称。好的工作名称往往能准确地反映工作内容,并能把一项工作与其他工作区别开来(如销售经理、招

聘专员)。在确定职位的工作名称时,要遵循准确、通用、讲求艺术性的原则。具体来说,要注意以下几点:

(1)工作名称应该较准确地反映其主要工作职责。比如"培训专员""电子发配员""设备管理员"等名称明确指出了工作的职责。

(2)工作名称应该明确指出其在组织中的相关等级位置。比如"初级工程师"就比"高级工程师"的等级低。表示等级名称的还有如"质检员""质检主管""质检部经理""人力资源助理员""人力资源管理员""人力资源主管""人力资源经理""人力资源总监",这些工作名称都表示相同岗位的不同等级。

(3)工作名称应尽量按照社会通用做法来拟定,这样既便于人们理解,也便于工作在薪资调查时进行比较。

(4)在能准确反映工作内容的前提下,工作名称的拟定还应讲求艺术性。如家政服务员就比保姆好听多了。工作名称的艺术处理和美化不仅会提高工作的社会声望,也可以提高员工对工作的认可度和满意度。

(二) 工作身份

工作身份又称工作地位,一般在工作名称之后。它包括:

(1)所属部门。

(2)直接上级职位。

(3)工作等级。指在组织中存在工作等级分类的情况下,此工作处于哪一等级,如,一家公司将秘书分为一级秘书、二级秘书等。

(4)工作代码或编号。为了便于岗位管理,能快速查找所有的岗位,通常会为每个工作岗位标上工作代码。工作代码的设置没有固定模式,一般按工作评价与分析的结果对工作岗位进行编码。组织可根据自己的实际情况设定应包含的信息,目的在于使组织中的每一项工作都有代码,这些代码代表了工作岗位的某些重要特征。如在某企业中,有一个岗位的代码为 HR-04-05,其中 HR 代表人力资源部,04 表示员级,05 表示人力资源部员工的顺序编号。

(5)薪点范围。薪点范围是工作评价所得的结果,反映了这一工作岗位在组织内部的相对重要性,是确定这一岗位基本工资的基础。

(6)所辖人数。

(7)定员人数。指该岗位的人员编制,同一岗位所聘用工作人员的数目应予以明确。如果聘用人员数目经常变动,其变动范围应予以说明,或者所聘人员是轮班使用,也应分别说明,由此可以了解工作的负荷量及人力配置情况。

(8)工作地点。指工作的地理位置。了解这些资料的目的,是把这项工作与那些与之相似的工作区别开来。除了关于工作的基本信息之外,在这一部分还常常列出岗位分析的时间、人员、有效期、批准人员等内容。

(三)工作概要

工作概要又称工作目的,指用简练的语言概括工作的总体性质、中心任务和要达到的工作目标。工作概要一般以主动词开头描述最主要、最关键的工作任务,而不必细述工作的每项具体任务和活动。其规范写法为"工作行为+工作对象+工作目的"或"工作依据+工作行为+工作对象+工作目的"。比如,对于市场策划主管来说,其工作概要为负责市场信息的收集、整理、分析,提交市场调查报告,为市场战略提供决策支持。再如,薪酬福利专员的工作概要为根据公司的发展规划,协助人力资源部部长制定相关薪酬福利政策,负责薪酬福利管理、社会保险手续办理、员工绩效考核等工作,为公司的正常运行提供人力资源保证。

二、工作范围

工作范围说明书简单地说就是对项目相关人员有约束作用的、为了说明项目工作范围的说明性文件。项目工作的范围指为了成功达成项目目标,项目所规定要做的事项。确定项目工作的范围,就是定义项目管理的工作边界,确定项目的目标和可交付成果。另外,工作范围说明书说明的内容不仅仅是业务需求,还包含了项目管理的工作需求、业务需求、实施需求等信息。

(一)工作范围的含义

工作范围是指该岗位的任职者所能掌控的资源的数量和质量以及该岗位的活动范围,它代表了该岗位能够在多大程度上对组织产生影响,在多大程度上给组织带来损失。该信息并非所有职位描述中的必备内容,往往用于管理岗位、以岗位评价为目标的工作描述中。

(二)工作范围的内容

工作范围的内容主要包括人力资源、财务资源和活动范围三部分。人力资源,包括直接下级的人数与级别、间接下级的人数与级别等。财务资源,包括年度预算、项目成本、年度收入(营业额)、年度利润、销售回款等。活动范围,根据岗位不同存在着较大的差异,如销售岗位的"每星期接待客户的人数";人事经理的"每星期进行内部沟通的次数"等。

智能化煤矿是指利用现代信息技术和自动化技术对煤矿进行智能化改造和管理的过程。智能化煤矿的工作范围可能涉及以下几个方面,如表5-1所示。

表5-1 智能化煤矿的工作范围

序号	工作类型	定义
1	自动化设备	智能化煤矿可以使用各种自动化设备,如自动采煤机、自动运输系统、自动化控制系统等,以提高采煤、运输、通风等工作的效率和安全性
2	数据采集和监测	智能化煤矿会使用传感器、监测设备等进行数据采集和监测,以获取有关矿井各项参数、工况、安全状况等方面的信息,并对这些数据进行分析和处理
3	数据分析和决策支持	智能化煤矿会利用数据分析和人工智能技术对采集到的数据进行处理和分析,以帮助矿井管理人员做出决策。可以包括预测矿井的安全风险、优化生产计划、提高能源利用效率等
4	矿井安全监控	智能化煤矿可以使用视频监控、无线通信等技术手段对矿井内部进行实时监控,并及时报警和处理异常情况,以确保矿工的安全
5	矿井环境改善	智能化煤矿可以利用环境监测和控制技术,对矿井的通风、煤尘、噪声、有害气体等环境因素进行监测和控制,以提高工作环境的质量

三、工作职责

(一) 工作职责的含义

岗位描述中的工作职责是对员工在特定岗位上所承担的任务和责任的详尽描述,这些任务通常按照工作性质、重要程度及执行频率进行分类,旨在为员工提供一份详尽的工作指南。例如,在市场营销部门的岗位说明书中,工作职责可能包括市场调研、竞品分析、营销策划与执行、客户关系管理等多个方面。每一项职责都需具体描述其工作内容、预期成果及完成标准,以确保员工对岗位要求有清晰的认识。同时,这些职责还应与公司整体战略目标紧密相连,确保员工的努力能够直接贡献于企业的长期发展。

(二) 工作职责的重要性

首先,它为员工提供了明确的工作方向和目标,帮助员工理解自己的角色定位和工作重点,从而更有针对性地开展工作。明确的工作职责有助于建立员工与上级之间的期望共识,减少因职责不清而产生的误解和冲突。

其次,工作职责的清晰表述为绩效管理提供了清晰的标准和期望。通过明确的职责描述,管理层能够客观地评估员工的工作表现,识别其优势和改进领域。员工也可以根据这些职责来规划自己的职业发展路径,明确需要提升的技能和知识,从而实现个人职业目标。

最后,在团队环境中,工作职责的清晰界定有助于减少角色重叠和冲突,促进团队成员之间的有效沟通和协调。当每个团队成员都清楚自己的职责范围和工作重点时,可以更好地协同工作,提高整个团队的执行力和创新能力。

(三) 工作职责的内容构成

工作职责的内容构成是岗位说明书的核心部分,它详细描述了员工在日常工作中需要完成的具体任务和活动。工作职责通常包括核心职责和支持性职责。

核心职责是岗位说明书中最为关键的任务和责任,它们构成了员工工作的基石。这些职责直接关联到组织的核心业务和战略目标,是评估岗位重要性和员工工作表现的主要依据。核心职责通常包括完成特定的生产任务、管理职责、客户服务、项目执行等,要求员工具备相应的专业技能和知识,以确保能够高效、准确地完成工作。核心职责的设定必须与组织的整体目标和战略方向保持一致。例如,一个组织的战略目标是提高市场份额,那么销售团队的核心职责可能包括增加销售额、扩大客户基础和提高客户满意度。核心职责应具备可度量性,即能够通过关键绩效指标(KPIs)或其他量化方法来衡量完成情况。这种可度量性不仅有助于员工明确自己的工作目标,也为管理层提供了评估员工绩效、进行决策和优化资源配置的依据。通过明确和可度量的核心职责,组织能够更有效地监控工作进度,及时调整策略,以应对不断变化的市场和业务需求。

支持性职责是那些虽然不直接构成岗位核心,但对实现核心职责至关重要的任务。这些职责可能包括跨部门沟通、团队协作、资源协调和流程支持等。

支持性职责的存在,确保了核心任务能够在一个协调和支持性的环境中顺利开展,它们对于维护组织运作的流畅性和效率至关重要。在一个项目导向的工作环境里,支持性职责可能涉及项目管理和协调,以确保项目按时按质完成。在客户服务岗位上,支持性职责可能包括处理客户咨询、反馈和投诉,以提升客户满意度和忠诚度。这些职责要求员工具备适应变化的能力,能够在不同情境下提供必要的支持。支持性职责的履行能够增强员工对组织目标和价值观的认同感,从而提高工作满意度和忠诚度。

四、工作权限

工作权限是指根据该岗位的工作目标和工作职责,组织赋予该岗位的权限范围层级与控制力度。在制定了一个岗位的职责后,如果没有规定其权限范围,职责的完成程度就会不同。职责与权力要同时配置到相应的职位,使责权对等。有责无权会使责任人无法对结果负责,有权无责会使组织变得无序。工作权限的描述主要用于管理人员的工作描述与工作评价,以确定岗位"对企业的影响大小"和"过失损害程度"。此外,通过在工作说明书中对该岗位拥有的工作权限的明确表达,可以进一步强化组织的规范化,提升任职者的职业化意识,并有助于职业化能力的培养。

工作权限的划分一方面要本着责权统一的原则进行,另一方面又不能完全通过工作职责分割来完成,必须听从组织安排,在纵向上根据职能定位与管理人员的职业化水平,在横向上根据组织业务流程的分解,同时考虑组织内部的信息沟通、资源共享、风险分散、责任分担等若干因素进行系统性的分权,形成分层分类的"分权手册"。

工作权限按其种类来分,可分为业务决定权限、财务管理权限、人事管理权限和经营管理权限。在不同内容的权限中,又可按授权的程度划分,如财务管理权中有提议权、审核权和审批权,人事管理权中有提议权、拟定/办理权、初审权、审核权、审批权,经营管理权中有审批权、审核权、执行权、建议权、修改权、会审权等。

随着数字化时代的到来,工作权限已经成为我们日常生活中不可或缺的一部分。无论是在大型跨国公司还是小型的工作团队,工作权限的分配和管理都是至关重要的。本文将深入探讨工作权限的概念、作用以及一些常见的工作权限类型。

智能化煤矿工作岗位的工作权限可以根据具体的部门和职责而有所不同。表 5-2 是智能化煤矿工作部门具备的一些工作权限示例。

表 5-2 智能化煤矿工作部门的工作权限

序号	部门	权限
1	党委工作部	对公司党政工作开展具有建议权;对公司党员干部权力使用具有监督权;对本部门活动经费使用具有审批权
2	工会	对工会日常工作有安排权;对基层工会工作有安排、考核、指导权;对工会内部人员分工有安排权;对工会日常事务有安排和处理权
3	纪检监察室	对公司纪检工作开展具有建议权;对公司党风廉政建设具有监督、指导权
4	综合办公室	对综合办公室工作具有管理、建议和监督权;对各项费用的支出统计具有监督、检查权利;对行政印章及办公室印章具有使用管理权;对文件的起草、审批及公文具有管理、建议和监督权
5	财务资产部	对公司对外投资项目有评价权;对公司所有购销合同有审核权;对所属下级业绩有考核评价权及岗位任命的提名权和奖惩建议权
6	人力资源部	对公司员工引进、调配和派遣具有审核权;对公司各类人员的聘任具有资格审查权;对公司各部门、中心定编定员及用工计划具有审核权;对工资总额结算和工资分配具有监督、审查权
7	企管审计部	对公司基础管理制度和业务流程有拟定、修订权;对本部门预算内费用有使用权、审核权或批准权;对直接下级的工作有分配权、指挥权、考核权、奖惩建议权
8	规划发展部	参与对部门内部人员的任免建议权;对部门日常业务活动有支配指导权;对工作改进具有建议权
9	环保协调部	参与对部门内部人员的任免建议;对部门日常业务活动有支配指导权;对工作改进具有建议权
10	安全监察部	对公司安全生产投入具有建议权和监督权;对公司重大危险源的管理措施具有建议、监督权;对"三违"时间具有审批权;对各类安全隐患具有查处权

五、绩效标准

绩效标准是在明确界定工作职责的基础上,对衡量每项职责完成情况的规定。这部分内容说明组织希望工作人员在执行每一项工作任务时所要达到的标准。对于以考核为目标的岗位分析,绩效标准是工作描述中所必须包含的关键部分。绩效标准最好能定量化。例如,工作任务是完成每日生产计划,其结果(期望的标记)是:生产群体每个工作日所生产的产品不低于426个单位;被退回的产品不超过2%;每周延时完成工作的时间平均不超过5%等。绩效标准有正向和反向两种指标:正向的绩效标准,是从正面的角度考察该项职责是否完成,以及完成的效果,如目标达成率、销售额、市场占有率、工作完成的及时性等。反向的绩效标准,是从反面的角度考察职责的完成效果,如差错率、失误率、事故率、客户投诉率、次品率等。反向的绩效标准适用于那些正向绩效标准不易提取,或者不具有可操作性的工作职责。

确定绩效标准需遵守 SMART 原则,具体来说:

S 代表具体(Specific),指绩效考核要切中特定的工作指标,不能笼统。

M 代表可度量(Measurable),指绩效指标是数量化或者行为化的,验证这些绩效指标的数据或者信息是可以获得的。

A 代表可实现(Attainable),指绩效指标在付出努力的情况下可以实现,避免设立过高或过低的目标。

R 代表现实性(Realistic),指绩效指标是实实在在的,可以被证明和观察的。

T 代表有时限(Time Bound),指注重完成绩效指标的特定期限。

绩效标准是用来衡量员工绩效目标完成具体情况的尺度,用来说明员工在实现绩效目标时应该达到什么样的水平,怎样是合格,怎样是优秀,怎样是不合格。就像平时考试打分一样,标准必须具体,不能模棱两可。

一般来说,一个完整的绩效指标包括5个构成要素,即指标名称、指标定义、指标权重、等级标志、等级定义。其中,等级标志与等级定义往往合二为一,形成我们常说的绩效标准。绩效指标规定了我们从哪些方面来对工作进行衡量与评价,绩效权重规定了这些指标的优先次序,绩效标准则规定了各个指标应该达到什么样的水平。

六、工作关系

工作关系表明了组织中的权力链,如"所属的工作部门""直接上级岗位""直接下级岗位""所辖人数"等。工作关系不仅表明了权力关系,即指令和汇报关系,而且也是员工职业发展的重要的引导,暗含了职位晋升路线。

工作关系是由需求和被需求引发的关联关系,作为领导干部,主要有以下五个工作关系需要遵守。

(1)要处理好对上与管下的关系:对上要对单位、对领导负责,工作中要主动扛大梁、挑重担、负重责、做贡献,要切实增强危机感、紧迫感,兢兢业业、扎扎实实、履职尽责;对下要严格管理、严格要求。

"律下必严"是对广大干部最大的关心、最好的保护。作为领导干部无论是在执行工作计划,还是在遵守工作纪律上,都要严格要求干部职工,努力打造一支"精干、高效、务实"的干部队伍。

(2)要处理好分工与协调的关系:管好、做好自己分工内的工作是义不容辞的责任,但统筹协调好全局更为重要。领导干部必须学会协调、善于协调,理顺各方关系,使大家心往一处想,劲往一处使,推动各项工作顺利开展。

作为领导要关心下级、支持下级,凡事多为下级考虑、多为群众着想。作为下级要尊重上级,服从和执行上级的工作部署,积极参与上级的各项决策,多提建设性意见和建议,共同营造团结一心、步调一致的和谐局面。

(3)要处理好权力与责任的关系:"有权必有责,权责必相当。"作为领导干部,一定要树立正确的权力观,把权力视为党和人民的信任和重托,把职位作为服务人民的实践平台,把实绩作为回报人民的根本方式,把奉献作为为官做人的基本准则,与党同心同德、同舟共济,常怀忧党之心,恪尽兴党之责。

(4)要处理好自律与他律的关系:作为领导干部要严格"自律",常修为政之德、常思贪欲之害、常怀律己之心,修身慎行、怀德自重、敦方正直、清廉自守,自觉做到为政以德、为政以廉、为政以民,永葆共产党员的先进性。

要欢迎"他律",善于使用党纪条例法规"装修"自己的思想和灵魂;要自觉接受监督,广开言路,听取意见,对待批评意见,要乐于接受、勇于"亮丑"、敢于改正。

(5)要把握好质与量的关系:要适应我国经济转向高质量发展阶段,新时代组织工作同样要落实高质量发展要求,从"做没做""有没有"转向"好不好""优不优",在组织工作的理念、思维、方式、机制、载体等方面,不断创新、优化、提升,做到效率、效能、效益的有机统一。

员工关系一词源于西方人力资源管理体系,在人力资源分为六大模块,员工关系就是其中的一部分。员工关系其实可以说是一个既简单又复杂的概念。从简单方面来说,可以概括成一句话:企业和员工、员工与员工之间的关系。但是员工关系本身涉及的范围又比较广泛,而且有着丰富的内涵,因此它也是比较复杂的。引用专业教材上的定义,员工关系的基本含义是指管理方与员工及团体之间产生的,由双方利益引起的表现为合作、冲突、力量和权力关系的综合,并受到一定社会中经济、技术、政策、法律制度和社会文化背景的影响。

员工关系,是每个企业在日常经营过程中不可回避的问题。企业的发展就像一列完整的火车,而员工关系则是一节节车厢,只有每节车厢都有动力,才能加速前进。因此,和谐的员工关系会超越制度,更能激励员工向更高层次发展。如何有效处理好员工关系,我们总结了以下几点:

(1)企业需要具备外部竞争性、内部公平性的薪酬和科学合理的激励机制。根据马斯洛需求层次理论,第一层次首先是满足人生理上的需要。薪酬是维持员工与企业和谐关系最重要的因素,同时员工工作的第一目的就是满足自己的生理需求,当一个企业的薪酬对外不具竞争性,相关权益得不到保障时,往往会导致员工采取一些极端手段来表达不满和诉求,而这样的结果对企业和员工来说是两败俱伤的。因此,企业应该适时调整薪酬体系,让劳动报酬体现劳动价值,减少员工的不满情绪,避免与企业发生冲突。

除了马斯洛第一层次的需求外,第四层次的"尊重的需要"以及第五层次的"自我实现的需要"更是让企业和员工能更好协调彼此关系的保障。薪酬是属于第一层次的需求,而科学合理的激励机制则可以满足员工在第四层次和第五层次的需求。

企业建立晋升制度,通过分析员工各项能力以及结合综合情况,对优秀员工授予荣誉和给予奖励,而对于相对较差的员工,可以提供分阶培训,进一步为全体员工建立健康有效的职业发展和晋升方向。这种结果导向对企业和员工来说,是"双赢"的。企业可以获得专业的人才以及员工的认可,从而更有效地促进员工关系和企业发展。而对于员工来说,在物质上的需求得到满足后,还能得到精神上的慰藉,可以更快地对企业产生认同感和归属感,进而更加努力地为企业奋斗。

(2)建立良好的沟通渠道,确保企业和员工之间的有效沟通。沟通是处理好员工关系的重大途径。通过沟通真正了解员工的真实想法,这样对改善企业管理有很大的帮助。企业的员工来自全国各地,各自有着独特的性格以及说话和工作方式,增加员工之间的沟通机会,会让企业的信息度变得更加透明。

一般来讲,信息沟通状况好的企业员工关系会比较好,特别是在项目或者是公司制度、企业文化等决策上,可以多让员工参与进来,不仅可以树立员工的责任感,还可以让员工和企业的相处更加融洽。同时建立一个公开沟通对话的渠道,让有建议的员工,可以公开表达自己的想法,上级领导可以关注到他们的意见,从而做出反馈决策,这也是有效处理员工关系的方式之一。

(3)优化企业工作环境,创建良好的工作氛围。工作环境可以分为两种。一种是硬环境即工作场所环境,当员工一直处于冬冷夏热的办公环境时,很容易对工作状态造成影响,进而可能导致员工产生离职的念头,所以恶劣的工作环境往往难以留住员工,也会让员工关系变得更难处理。

另外一种环境就是工作中的软环境,即人际关系,如果企业中每个层级之间都充满了裙带关系,或者员工之间的相处模式不是相互排挤,就是相互钩心斗角的话,往往会导致员工积怨,影响其工作心情,造成部门的不团结,更糟糕的是,死循环往往会给企业造成巨大的人力和财力损失。所以,无论是硬环境还是软环境,都需要企业优化和友善经营,才能给员工创建良好的工作氛围,提高工作激情和团队合作精神,进一步有效协调员工关系。

对于一个企业来说,只有重视员工关系的维护,才能有效处理好员工关系,留住员工的心以及吸引更多的人才为企业效力。

七、工作环境

工作环境是指任职者在什么环境下工作。一般包括自然环境、社会环境、组织形式。例如:工作场所、工作环境的危险程度、职业病、工作时间、工作强度、工作的舒适度。智能化煤矿岗位的工作环境分析应当有噪声暴露分析、接触粉尘情况分析、井下作业情况分析、高处作业情况分析、高低温环境作业分析、接触毒物情况分析等。

根据工作环境条件的性质和特点可将其划分为四种工作环境,具体说明如表 5-3 所示。

表 5-3　工作环境的划分

分　类	具体说明
最舒适、安全、健康的工作环境	这种环境条件与人的生理、心理要求完全一致,劳动者可以坚持较长的时间持续自如地工作,其体力脑力消耗很低,工作效率很高
舒适、安全、健康的工作环境	在此种环境下,人与环境的相互关系基本协调
不舒适、不安全、不健康的工作环境	人在这样的环境条件下工作,容易产生疲劳,劳作不易持久,长时间工作效率递减,并容易造成某种职业病
不能忍受的工作环境	这样的环境条件容易给人造成严重的损害,或具有致命的危险,需要采取必要措施将人体与局部环境或全部环境隔开

第二节　岗位规范

岗位规范又称岗位标准,是对在岗人员所规定的工作要求和任职条件,是对不同岗位人员素质的综合要求,是衡量职工是否具备上岗任职资格的依据。实行上岗合同制,必须制定明确的岗位标准,做到上岗有标准,下岗有依据。

岗位规范的内容,一般应包括岗位的工作质量和数量要求、专业知识和劳动技能要求以及文化程度和应承担的责任等。

岗位规范的内容主要包括以下四个方面。

第一,教育水平,指胜任本岗位的任职者应具备的知识和水平。

(1)教育学历:明确任职者必须具备的最低学历。

(2)学习专业:明确任职者的专业范畴和方向。

(3)资格证书:明确任职者必须拥有的与专业工作相关的资格证书。

第二,工作经验。

(1)行业工作经验:明确任职者必须具备的同行业工作年限。

(2)岗位工作经验:明确任职者必须具备的同岗位工作年限。

第三,必备知识与技能。

(1)专业知识:任职者必须具备的胜任该岗位所需要的专业知识。

(2)技能水平:任职者从事该岗位应具备的基本技能和能力。

(3)其他能力要求。

第四,身体状况。

(1)身体素质:包括身高、体重、身体健康状况等。

(2)心理素质:包括观察能力、记忆能力、理解能力、学习能力、解决问题能力、语言表达能力、逻辑思维能力、兴趣、爱好等。

岗位规范的编制一般应具备以下几个要素,即岗位的基本信息、岗位任职条件或要求等。在具体操作过程中,可根据行业情况、企业实际情况和侧重点适当增加内容。

在岗位分析过程中,我们可以采用多种方法进行岗位规范信息的收集。实际操作中,岗位规范信息的收集与岗位描述的信息收集基本是同步的。一份完整的岗位分析调查问卷是可以收集岗位描述与岗位规范两方面的信息的。所以,岗位规范的编制其实是岗位分析的另一种成果。编制岗位规范时要注意:一套完整的岗位规范应有统一的用语风格;不同部门的相同岗位应有同样的任职条件;任职条件应与岗位的胜任情况相吻合,既不要过高,也不要过低,能支持公司长远发展及核心竞争力的形成。

第六章

智能化煤矿岗位说明书的编制

岗位说明书是用来指导人们如何工作的。规范的岗位说明书是组织的巨大财富，丰富的岗位说明书是员工贡献和员工能力大小的标志。岗位说明书也称职位说明书，是岗位分析的结果、岗位评估的具体对象。一般来说，岗位说明书一旦正式形成，企业中的各项人力资源管理活动都必须以其为依据。岗位说明书的编制过程并无固定模式，编写的条目需依据岗位分析的特点、目的与要求来具体确定。

岗位说明书在说明岗位"该做什么事"的基础上确定了"什么样的人适合该岗位"，因此，它是人力资源管理的重要基础。如在培训与开发方面，各部门主管应根据下属各岗位说明书中所确定的职责和任职要求，在具体工作中进行针对性的指导培训，以不断提高下属的工作能力；岗位任职者则根据其岗位说明书中的内容，来衡量判断自己的不足和弱点，通过自我学习与提高，以更加适应岗位所做工作的要求；而人力资源管理者则通过分析岗位说明书，根据各类岗位所需知识技能与现有人员的差距，来确定培训内容、制订培训计划、组织相关培训。

第一节 岗位说明书的编制内容

岗位分析的直接结果就是产生岗位说明书。岗位说明书包括两部分内容：一是工作描述，一是工作规范。工作描述是就有关岗位的工作性质、工作内容、工作职责、工作关系和工作环境等所做的要求，它说明了岗位任职者应该做什么的问题。工作规范说明岗位任职者为了完成工作任务所需的知识、能力、经验、技术等。一般而言，岗位说明书编制内容主要有以下几个要素：

(1)岗位概况：注明企业中各岗位名称、归属部门、隶属关系、级别、编号以及岗位说明书的编写日期等。

(2)本职工作概述:描述该岗位存在的价值或目的,总述本岗位的工作职责。

(3)岗位职责范围:描述该岗位所承担的主要责任及其影响范围。

(4)岗位职权:描述该岗位工作正常开展应具备的主要职权。

(5)工作关系:根据该岗位在企业组织机构中的地位和协作岗位的数量,描述完成此项工作需要与企业其他部门的联系要求,描述相互关系的重要性和发生频率等。

(6)任职资格:描述该岗位所需的相关知识和学历要求、培训经历和相关工作经验及其他条件。

(7)工作要求:描述该岗位对一名合格员工在工作上的具体要求。主要从工作本身的性质、范围、时效性等方面进行全方位考虑。

(8)操作技能:描述完成该项工作对任职者的灵活性、精确性、速度和协调性的要求以及所要达到的技能水平。需要说明的是,这几项要素贯穿于企业所制定的岗位说明书中,并非一定按顺序罗列。

岗位说明书的编制不应该是"拍脑袋"的结果,而是经过对该岗位工作的详细、客观和科学的分析,提炼出来的一份叙述简明扼要的描述书。

其中,工作任务要明确,要让任职者知道要干什么;在每项工作中所负的责任与该项工作目标要明确,以利于绩效考核;岗位规范要科学客观,以助于人员选聘与组织培训。

岗位说明书的编制不是一蹴而就的,岗位说明书的编制有着复杂的程序。在多数企业的实践中,企业若还没有形成相应的岗位描述、岗位规范的正式文本,那也就意味着岗位说明书的编制需要从岗位分析开始,从各种岗位信息的收集工作开始。如果企业已经形成了岗位分析的部分成果,如岗位描述、岗位规范,那么岗位说明书的编制会相对更快一些。

岗位说明书是对岗位描述、岗位规范等作进一步整合后形成的企业法定的正式文本。经过系统的岗位分析所形成的岗位说明书,是岗位描述再生形式中最完整的一种,阐明了某岗位的主要职责和考核标准、工作责任大小和任职资格条件,为全面实施绩效管理和人岗匹配管理提供了依据。

第二节 岗位说明书的编制原则及注意事项

一、编制原则

（1）对岗不对人。岗位分析的对象是岗位，而非员工。岗位分析不是对在职人员工作情况的描述，不是对个人性格的分析，也不是对其工作绩效的分析，而是从岗位本身出发，分析岗位的职责权限、主要工作内容，需要何种知识和技能才能高效率履行岗位职责等诸多符合该工作客观实际的信息。

（2）对事不对人。在岗位分析过程中，要以"事"为出发点，严格以职位的要求来编写岗位说明书，确保无论谁在这个岗位上，所需要做的事情都是一样的。在岗位分析中的沟通环节也要力求对事不对人，使沟通双方畅谈工作，表达一些真实想法。

（3）对当前不对未来。岗位说明书初始编写阶段应该反映编写时的工作职责和工作关系等，不是对过去的回顾，也不是对将来的展望。不过，当一项工作被新创建出来或者正遭受巨大变革时，岗位分析就要基于组织战略，针对"未来的职位"进行分析。

（4）对职责不对待遇。岗位说明书分析了各岗位主要职责，可以获取该岗位为组织创造价值贡献和重要性的相关信息。但是，岗位分析只能提供薪酬要素的部分信息，是岗位评价的依据，但不是岗位评价，因而不能根据岗位分析直接得出岗位等级和薪酬等级。在描述绩效标准时，不要涉及奖惩处理的内容。

（5）对能力不对性别。岗位分析应该注重评估与岗位相关的能力和技能要求，而不应该考虑个体的性别因素。在编写岗位说明书时，应客观描述所需的专业知识、技能和经验，避免对特定性别的倾向或歧视。岗位评价和选拔应该基于个人的能力和胜任程度，而非性别。

（6）对结果不对经历。在岗位分析过程中，应重点关注岗位的工作成果和绩效目标，而非个人的经历和背景。岗位说明书应明确阐述岗位的核心目标和期望的结果，鼓励员工通过不同的方法和经验来实现这些目标。个人经历和背景可以作为选拔和招聘的参考指标，但在岗位分析中不应作为主要依据。

(7)对能力不对个人特质。岗位分析应注重评估与岗位相关的能力和素质要求,而不应关注个人的特质和性格。工作说明书应准确描述所需的技能、知识、沟通能力等方面,以确保岗位能够匹配合适的人员。个人的特质和性格因素在选拔和培训过程中可以考虑,但在岗位分析中应以能力为导向。

(8)对需求不对个体。岗位分析应侧重于了解岗位对各项需求的要求,而不是针对个体员工的特定需求。岗位说明书应明确描述岗位所需的工作内容、时间要求、团队合作等方面的需求,以确保工作能够得到有效执行。个体员工的具体需求可以在招聘、培训和绩效管理等阶段进行关注和满足。

(9)对能力不对年龄。岗位分析应该以评估与岗位相关的能力和技能为重点,而不应该以个体的年龄作为考量因素。岗位说明书应客观描述所需的专业知识、技能和经验,避免对特定年龄群体的偏见或歧视。选拔和评价标准应该基于个人的能力和表现,而非年龄。

(10)对要求不对身份。岗位分析应该侧重于确定岗位的要求,而不是对个体身份的要求。在编写岗位说明书时,应明确列出与该岗位所需技能、知识和经验相关的要求,而避免提及特定的个人身份或类别。选拔和评价应该基于能力和胜任度,不应将个体身份作为决策依据。

(11)对目标不对背景。岗位分析应该关注岗位的目标和使命,而不是个体的背景和历史。在编写工作说明书时,应明确阐述岗位的关键目标和预期的绩效结果,鼓励员工通过适当的行为和贡献来实现这些目标。个体的背景和历史可以作为选拔和招聘的参考信息,但在岗位分析中不应侧重于个体的背景。

(12)对技能不对外貌。岗位分析应该重点关注与岗位相关的技能和能力,而不是个体的外貌或形象。工作说明书应准确描述所需的专业知识、技能和经验,以确保岗位能够由合适的人员担任。个体的外貌和形象可能在特定岗位或行业中具有一定重要性,但在岗位分析中不应作为主要考量因素。

二、编制的注意事项

由于各个组织的实际情况不同,在具体编制岗位说明书的过程中,岗位分析小组及人力资源部门往往会遇到各种各样的问题。为了编写一份合格有效的岗位说明书,一般需要注意以下几点:

（1）一致认同岗位分析的结果。岗位说明书的编制是在岗位分析基础上进行的。岗位说明书是岗位分析的结果，是对岗位分析所获得的各种资料加以整理、分析、判断，并将其所得结论以书面形式表达出来的一种文件。因此，在编制岗位说明书之前，必须认真地进行岗位分析和调查，可灵活选择问卷调查法、面谈法、工作日志法、观察法等方法进行，了解每一个岗位的工作任务、工作目标、工作条件、上下级关系、任职资格等情况。

岗位分析小组成员对调查所得结果进行总体统计、审核、分析与评估，尤其是在对同一岗位的调查出现较大差异时，应对有关项目进行商议，直到统一意见。

（2）定位明晰，高层认同。岗位分析小组或人力资源部在组织编写岗位说明书时，应有明确的定位，即工作说明书是着眼于对现状的描述还是对未来应有状态的描述，即工作职责"是什么"还是"应是什么"的问题。若编写岗位说明书是为了解决工作职责"应是什么"的问题，则在界定工作职责时必须对现存的职责交叉、职权不明或职责划分不合理的现象进行调整，这将导致一部分员工的工作职责和权限的变动，可能会招致员工的抵制和反对。因此，在编制岗位说明书之前，人力资源部应和相关的高层领导进行讨论，认清规范岗位职责的意义，明确岗位说明书的定位，并取得领导对职责变革的理解和支持。在岗位说明书实施过程中，高层领导应率先树立岗位责任意识，对各项工作实行归口管理。

（3）格式统一、用语准确、内容得当。在岗位说明书的编写过程中，应统一基本格式，按照工作描述、工作规范两个主要部分确定适合企业实际情况的格式和模块，要注意编写格式整体的协调性，做到美观大方。在语言的使用上，要做到简明、直接、表意精确，让员工一目了然，不能含糊其词，更不能有歧义。在内容安排上要注意使其具有实用性、条理性和逻辑性。

（4）及时沟通。岗位说明书的编写最好在一个固定的办公地点由小组成员统一进行，以便及时沟通。每个成员侧重编写本部门或个人最为熟悉的岗位说明书，或者所有负责岗位说明书编写的小组成员同时进行一个部门岗位的编写，在这一过程中可临时借调该部门熟悉情况、并能较客观地分析评价本部门岗位的人员参加。一个部门完成后再进行下一个部门岗位说明书的编写。定期、定时进行全组成员沟通，以便及时纠正偏差，并形成统一风格。

同时，每个成员在编写过程中要及时与相应部门主管及相应岗位工作人员进行沟通，使工作说明书尽可能与岗位的实际情况相符，并取得工作承担者的理解和认同。

(5)总结与修改。岗位分析小组要对完成的岗位说明书进行审核，将初步拟写的"岗位说明书"与实际工作进行对比，根据对比的结果决定是否需要进行再次调查研究，并进行修改，汇总后向领导小组汇报。如有必要则对岗位说明书进行个别修正和调整。最后对说明书进行编辑存档，以备后用。

总之，一份合格的岗位说明书能有效减少组织内各工作岗位之间互相扯皮、推诿的现象。同时，岗位说明书的编制也有利于改进工作方法，可作为人员招聘、培训、任用、提升、调动、评价等管理各项职能的依据。在现实中，企业不仅应该编写好岗位说明书，更需要用好岗位说明书，以优化人力资源管理系统，提高人力资源管理水平。

第三节　岗位说明书的编制步骤及常见问题

一、编制步骤

煤矿企业岗位说明书的编制步骤需要根据煤矿企业的特点进行，当然，各个地区的煤矿企业由于资源禀赋、组织管理与内部管控方式等差异，岗位说明书的编制步骤与编制内容也有很大差异。但不管从什么角度来说，煤矿企业岗位说明书的编制必须包含前面所提到的几个基本内容。

岗位说明书的编写是涉及所有员工且工作量十分浩大的文件整理、汇编工作，大体可分为几个步骤来进行：准备阶段、编写阶段、审核与修订、定稿等。

(一)准备阶段

(1)组建编写小组。编写小组负责具体编写工作和协调有关事宜。编写小组成员由顾问公司(如有外聘)、人力资源部及其他部门指定的人员组成。对小组成员的具体要求是：对企业及本部门的经营管理和业务状况比较了解、有一定的影响力、能公平公正地处理问题、有一定的文字功底。小组成员一般是各部门的负责人。

(2)组建领导小组。领导小组负责审核编写的结果和解决编写中出现的有关问题,主要由企业资深、高层管理人员组成。

(二)编写阶段

(1)设计框架。由编写小组主要成员共同设计出适合企业的岗位说明书框架,包括岗位说明书的样式草本及相关内容,并提交领导小组审定。

(2)组织培训。针对岗位说明书的框架,由编写小组的主要成员组织全体员工进行岗位说明书编写技能与技巧的培训。

(3)编写。编写小组辅导或者帮助岗位任职者进行岗位说明书的编写,并完成初稿,提交部门负责人进行审核与修订。

(三)审核与修订

部门负责人对岗位说明书的初稿进行初步审核,及时提出审核中发现的问题;编写小组提供岗位说明书的审核技术和办法,负责审核过程的辅导,解决领导小组审核中遇到的技术问题,负责收集审核意见,并修订。

(四)定稿

编写小组将已初步修订的岗位说明书提交领导小组。领导小组对所有的岗位说明书进行综合全面审核,提出审核意见,并将审核中发现的问题与编写小组共同探讨,最终确定修订的办法,经编写小组再修订后,岗位说明书定稿。

岗位说明书定稿后,通过一定的程序下发。

二、编制内容与规范

岗位说明书的编制工作量较大,需要多人协作才能完成。为了避免出现语言风格不统一、专业用词不规范等现象,需要对岗位说明书中的主要编制内容进行语言风格的统一和用词的规范。

(一)岗位目的(或岗位职责)概述的撰写

岗位目的概述是对该岗位工作的总括,需要较强的概述语言。如某公司大客户经理的岗位目的为:最大限度地利用销售资源,增加销售额和扩大市场影响力,在指定的销售范围内和公司政策规定的指导下,制定销售策略,观察、监督和领导销售代表完成销售目标,建立市场信息渠道。

其中,岗位目的概述用词的具体规范如下:

(1)以何为目的:市场业绩、利润、效率、生产率、质量、服务、期限、安全性、持续性等;

(2)有何限制:法律、价值观、原则、政策、策略、方针、模型、方法、技术、体系等;

(3)有何做法:习惯、程序、条件、模式、规定、常规、指示、规则、准则等。

(二)具体岗位职责的撰写

岗位职责是描述某个岗位主要负责的几个工作事项,也就是一个岗位要有多项具体的岗位职责。

(1)职责项目内容:用几个关键字来概括说明每项职责的主要内容,然后描述怎么干,有什么限制条件以及所要达到的结果。各项职责不可交叉重复。

(2)职责项目数量:一般为6~8项,最少应不少于4项,对个别岗位可酌情增加、减少。

(3)职责项目排序:按重要程度排列。

(4)各项职责占所有工作的比重:按工作量所占比例填写。每项职责占用的时间一般大于所有职责的5%。未被逐条详细描述的"其他"职责所占用的时间一般不超过该岗位完成所有职责工作总时间的10%。

(5)工作内容:对该职责的分解,或者怎样(通过哪些工作、怎么做)完成职责。

撰写公式:行为+行为对象+限制条件+要达到的结果+考核标准

表6-1列举了岗位职责撰写中常用的动词规范。

表6-1 岗位职责撰写中的常用动词

决策或设定目标	批准 指导 授权 建立 制订 规划 决定 准备 预备 发展
执行管理	达成 增进 评估 建立 赢得 评定 吸引 限制 确保 维护 评估 衡量 监控 取得 认同 审核 找出 设定 执行 指明 改善 标准化
专业与支援	分析 辨明 界定 建议 提议 促使 预测 协调 解释 支援
特定性或基层工作	检查 检验 执行 履行 对照 提出 分配 处理 收集 汇集 生产 制造 分发 进行 提供 获得 提交 操作 执行 供应
一般性	管理 联系 协助 控制 监督 协调

(三) 岗位说明书主要职权的撰写

在编制岗位说明书之前,应对其主要职权进行划分,并对不同的职权进行定义。表6-2列举了不同的职权及其定义。

表6-2 主要职权及其定义

职权	定义
建议权	对管理方案(制度)提出建议和意见的权力
提案权	提出或编制管理方案(制度)的权力
审核权	对管理方案(制度)的科学性、可行性进行审议、修订或否定的权力
审批权	批准管理方案(制度)付诸实施的权力
执行权	组织执行管理方案(制度)的权力
考核权	对管理方案(制度)执行结果进行考核的权力
审计权	对管理方案(制度)执行结果的真实性和合规性进行审计的权力
监控权	对管理方案(制度)执行过程进行监督和调控的权力
奖惩权	对考核和审计结果按照相关规定对相关责任者进行奖惩的权力
申诉权	对考核结果或者管理决议进行申诉的权力
知情权	对管理方案(制度)相关信息知情的权力

(四) 任职资格的撰写

不同公司对相同岗位会有不同的任职资格要求。公司可根据业务要求确定各岗位的任职资格,并结合人才市场供需情况对任职资格适当地调高或调低。下面主要介绍任职资格中能力项目的定义,以便于岗位说明书撰写人员能够对不同岗位的能力要求有客观公正的把握。能力参照表6-3对各项能力的定义。岗位说明书中填写的能力指核心能力,因为核心能力才是完成岗位工作的前提和保证。如企业的销售人员说服他人、影响他人的能力即为其核心能力。只有具有这些特殊能力,才能成为一名成功和出色的销售人员。

表6-3 能力参照表

能力项目	定义
创新能力	提出新想法、新措施和新方法的能力
学习能力	感知变化,及时跟进,不断提高自身的能力

续表

能力项目	定义
沟通能力	倾听对方讲话,领会对方意图,全面、准确地表达自己意见的能力
人际交往能力	建立并维护与别人可信赖的、稳定的、积极的关系的能力
应变能力	察觉细微变化,处事灵活,针对情况采取相应对策,适应新情况的能力
解决问题能力	问题发生后,及时找到解决办法并合理解决问题的能力
决策能力	判断、预测、确定决策时机并提出可行方案的能力
计划能力	有效分解目标,制定可行的实施进程,合理预算的能力
组织能力	在权限范围内配置各种资源,明确合理分工,以最小的人力、财力、物力,有效开展工作活动并达成工作目标的能力
领导能力	有效授权、指导并激励别人,使其积极完成任务的能力
团队协作能力	与别人相互支持,发挥各自的优势,促使团队工作任务完成的能力
协调能力	妥善协调各种关系,使各种关系之间保持互动和平衡,合理疏导矛盾,解决纠纷的能力
控制能力	及时发现并解决问题,准确评估工作结果,改善工作程序或行为标准,减少问题事件发生的能力
分析能力	探求本质、判断主次,抓住主要问题的能力
执行能力	依照计划办事,按质、按量及时完成承办任务的能力
客户服务能力	了解客户需求,建立并维持与其合作关系,提高服务效率的能力
谈判能力	与对方协商时随机应变、运用技巧、施加影响,掌控谈判过程和结果的能力
开拓能力	收集各种信息,在维持现状的情况下,开发新资源的能力

(五)岗位说明书编制注意事项

岗位说明书在人力资源管理活动中的作用十分重要,不但可以帮助任职者了解其工作,明确其责任范围,还能为管理者的决策提供参考。在编制岗位说明书时,应注意以下几点:

(1)表述清楚。岗位说明书应当清楚地说明岗位的工作情况,文字要精炼,一岗一书,不雷同,既不能千岗一面,也不能一岗概全。

(2)指明范围。在界定岗位时,要明确指明其工作的范围和性质;此外,还要把重要的工作关系也包括起来。

(3)文件格式统一。可参照典型岗位描述编写样本,但形式和用语应符合本公司的习惯,切忌照搬其他公司的范本。

(4)详略不尽相同。通常情况下,组织中较低级岗位的任务最为具体,岗位说明书可以简短而清楚地描述;而较高层次岗位,则需处理涉及面更广的问题,只能用若干含义极广的词句来概括。

(5)应充分显示工作的真正差异。各项工作活动,以技术或逻辑顺序排列,或依重要性、所耗费时间顺序排列。

(6)对事不对人。无论谁在这个职位上,所需要做的事情都是一样的。

(7)不要忽视对绩效期望的描述。岗位说明书不仅要让员工通过阅读这份文件确切了解这项工作的内容和责任,还要了解公司希望将这项工作做到什么程度,达到什么样的目标。因此,岗位说明书要尽可能写出该岗位可测量的期望结果;不能量化的,最好用清楚的语言描述出来。

二、常见问题

规范的岗位说明书明确了工作的职责权限、任职资格、工作特点、工作目标等重要因素,能为企业提供工作评价、人员招聘、绩效考核、确定培训需求、薪酬管理等依据,但是很多企业却发现在进行岗位分析、完成岗位说明书的编制后,却发挥不了其应有的作用,达不到预期的效果。究其原因,主要存在以下问题。

问题一:职责界定缺乏系统性。

运用各种岗位分析方法收集有关工作的相关信息后,并不能直接形成岗位说明书,而是要对所收集的信息进行整理、归纳、综合与分析,在对工作进行系统理解的基础上完成岗位说明书的编制。我国企业目前普遍存在着岗位职责不清、任务指派随意性较大,能者多劳,出现问题互相推诿等管理混乱的现象。不少组织尽管进行了岗位分析,但所形成的工作说明书对工作职责的界定缺乏系统性,往往出现任务交叉、重叠或遗漏的情况,致使达不到岗位分析预期的目的。因此,岗位说明书不应是简单地对目前岗位工作任务的要求和描述,而应在认真分析和调查的基础上使其具有系统性、准确性,这样才能通过岗位说明书的撰写达到明确各岗位的职责权限、规范工作流程、实现科学管理的目的。

问题二：工作描述表达方式不规范，用语不准确。

岗位说明书应能准确、清晰、真实地界定岗位应承担的责任，所具有的权限和工作必须达到的目标。然而不少企业在撰写岗位说明书时，没有采用规范的表达方式，致使混淆工作任务和工作结果；在关键词的使用上，用语不准确，导致岗位职责的描述流于一般化、普遍化，出现千岗一面的现象，或者使岗位职责描述过小或过大，如在对工作职责进行描述时，往往笼统地使用"负责""管理"等词语，致使责任不清、任务不明。

问题三：岗位说明书的编制缺乏实用性。

在一些组织中，设计和编写岗位说明书的人员并未掌握相应的专业理论和知识，撰写工作说明书之前也并未经过系统的岗位分析，只是凭经验或自己的理解来完成这一任务。编写的岗位说明书没有充分考虑组织行业的特点及本组织的实际情况，有的甚至将其他组织的工作说明书照抄照搬，岗位工作说明书流于形式，缺乏实用性。

问题四：宣传不到位，员工不理解。

岗位说明书涉及对各岗位的描述与规范，目的是使员工明确了解自己的工作责任、本岗位在企业中的作用以及企业的要求，因此，在编制过程中必须得到全体员工的支持和参与。然而，一些组织的部门主管只是草草完成此事，没有借此机会与员工进行充分的交流，甚至在完成岗位说明书之后，员工并不知道岗位说明书的作用，有的员工还认为岗位说明书是对他们工作的限制，曾出现了员工不理解、不利用、不执行的情况，使岗位说明书成为可有可无的摆设。

此外，对任职资格的界定，会使一部分员工感到恐慌或者失望。在国有企业中若是按照行业通行的标准对岗位任职资格进行界定，很多老员工的学历或者技能将达不到企业的要求，他们就会认为岗位说明书是人力资源部在给他们设置障碍，会担心未来的职业发展。而另一种情况是企业为了培养和锻炼人才，往往会将一些重点培养对象放到基层工作一段时间，这些人才的素质和技能都远高于岗位的要求，他们心理就会失衡，若不及时引导，将会导致优秀人才的流失，给企业造成重大损失。因此，企业在编写岗位说明书时，应做好充分的准备工作，应给员工宣讲制定岗位说明书的意义和说明书中各项内容的含义。对现行人员配置达不到或者远超出企业要求的现象，企业应及时向员工解释其原因，打消他们的思想疑虑，以保证企业的稳定发展。

问题五：工作规范与工作描述之间缺乏内在联系。

工作规范与工作描述并非简单地排列在一起，而是在岗位说明书中有机联系的两个部分，工作规范的拟订应以工作描述为依据。但事实上，不少组织岗位说明书的工作规范与工作描述之间缺乏内在联系，对于任职资格的描述并非基于对工作职责、工作设备、工作环境等内容的认真分析，而是凭经验或主观想象，有的还常常受到现有任职者个人情况的影响，因而缺乏科学性和客观性，进而影响了岗位说明书的使用效果。例如，目前一些企业在招聘时盲目追求高学历，这就是没有根据工作职责合理拟定工作规范造成的。

第七章

智能化煤矿岗位分析的组织与实施

第一节 智能化煤矿岗位分析流程概述

煤矿行业想要跟上现代化的步伐,首先要有一套规范的人力资源管理制度,规范化的人力资源管理要求企业内部具有完善合理的岗位说明书体系,岗位分析是人力资源管理工作的基础。人力资源管理工作没有岗位分析就如同一栋大厦没有根基,那么企业管理工作将会是不稳定的。

岗位分析作为人力资源管理的一种科学手段,必须由岗位分析人员用科学的方式直接收集和比较有关的岗位信息。所以,它必须符合事实性、完整性、公平性、能级、标准化和最优化的原则,从而为组织特定的发展战略以及人力资源管理和其他管理行为服务。

岗位分析的客体是工作岗位。岗位分析的对象是与工作岗位相关的因素及其相互关系。我们可以从由谁完成这项任务,这项任务具体做什么事情,任务的时间安排、任务地点、工作目的,为谁履行任务及如何履行任务的这七个方面对岗位进行分析。

岗位分析的流程是一个复杂且系统的过程,一般而言,岗位分析包括准备阶段、计划阶段、设计阶段、信息分析阶段、质量鉴定阶段和结果表述阶段。其中,计划与设计是基础,信息分析与结果表述是关键。岗位分析的信息收集方法多种多样,主要包括观察法、问卷调查法、访谈法、关键事件法、工作日志法、功能性岗位分析法、岗位分析问卷法等。这些方法各有特点,岗位分析人员可以根据岗位的工作性质、目的,从实际情况出发,选择适当的方法。上述方法既可单独使用,也可综合使用。

岗位分析的直接结果就是产生岗位说明书。岗位说明书是企业人员进行人力资源管理活动的基础,现代人力资源管理非常强调岗位说明书的作用。岗位说明书包括两部分内容:一是工作描述;二是工作规范。工作描述是就有关岗位的工作性质、工作内容、工作职责、工作关系和工作环境等所做的要求,主要用于说明"岗位任职者应该做什么"的问题。

一、明确岗位分析的目的

要想进行岗位分析,首先要明确岗位分析的目的。因为岗位分析的目的直接决定了进行岗位分析的侧重点,决定了在进行岗位分析的过程中需要获取哪些信息,以及用什么方法获得这些信息。

进行岗位分析时,应该选择哪些工作岗位作为研究对象呢?一般说来,影响岗位分析对象的因素包括:工作的重要性、完成难度和工作内容变化等。对那些关系着组织成败的非常关键的工作是需要进行认真研究的,对那些因工作难度较大而需要对员工进行全面培训的工作也是需要分析的。如果由于技术变动或组织的管理方式变化使得员工当前的工作内容与以前制定的工作描述出现了差别,结果以原有的工作描述为基础的人力资源管理功能无法得到正确的体现,这时也需要对这一工作进行岗位分析。再有,如果企业中设置了新的工作岗位,就应对这一工作岗位进行岗位分析。

在一个已成立的组织中,岗位分析的目的不同,其侧重点也有所不同。例如,如果岗位分析的目的是编写工作说明并为空缺的岗位招聘员工,那么这时岗位分析的侧重点是该岗位的工作职责,以及对任职者的要求。因为企业招聘员工时,明确对任职者的要求是至关重要的。如果岗位分析的目的是培训和开发,那么岗位分析的侧重点就在于衡量每一项工作的职责,以及这一职责下员工需要具备的能力。如果岗位分析的目的是确定绩效考核的标准,那么其侧重点就应该是衡量每一项工作任务的标准,需要澄清任职者完成每一项工作任务时的时间、质量、数量等方面的标准。如果岗位分析的目的是确定薪酬体系,那么仅仅通过访谈等方法获得描述性的信息是远远不够的,需要采用一些定量的方法对岗位进行量化评估,确定每一个岗位的相对价值。如果岗位分析的目的是定编定员,那么在岗位分析的时候就需要对每个岗位的工作量进行测算,从而计算出所需人员的数量。

二、岗位分析的流程

岗位分析是一个复杂、系统的过程,需要一定的时间来进行。由于企业组织机构不同、任务复杂程度不同、工作性质不同等,有的企业岗位分析需要较长时间,有的企业岗位分析需要的时间则较短。一般情况下,岗位分析都要遵循一个多步骤的基本流程,包括准备阶段、计划阶段、设计阶段、信息分析阶段、质量鉴定阶段和结果表述阶段,如图7-1所示。其中,"计划"与"设计"是基础,"收集、分析信息"与结果表述是关键。

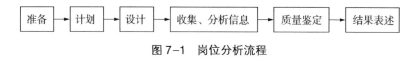

图7-1 岗位分析流程

（1）准备。准备阶段的工作主要是确定岗位分析信息的用途,这直接决定了需要收集何种类型的信息和使用何种技术收集,还可以开始收集一些与岗位有关的背景信息,如组织结构图、当前岗位与组织中其他岗位的关系及其在组织中的地位、工作流程图等。

（2）计划。计划阶段是对整个岗位分析的进程进行整体的把握。同时也要安排好"先分析哪些典型的工作"等类似事项,以免重复劳动。

（3）设计。设计阶段也是对整体进程的把握阶段,即在计划之后,组建岗位分析小组,对岗位分析的具体工作进行安排,明确小组成员的分工并对其进行培训。

（4）收集、分析信息。本阶段的主要工作是收集岗位分析的相关信息,包括采访该岗位的现任员工,采访岗位相关上下级和平级同事等,然后根据已收集的信息进行初步分析,进而得到初步的岗位分析结果。

（5）质量鉴定。本阶段的主要工作是同岗位分析小组的其他成员共同审查所收集的工作信息,确保信息的准确与完整,从而有助于被分析岗位的人员所理解,提供审查与修改岗位描述的机会。

（6）结果表述。本阶段的主要工作是在客观、全面地进行了岗位分析之后,编写岗位说明书和岗位描述。

岗位说明书是对工作职责、活动、条件等工作特性方面的书面描述;岗位描述则是全面反映工作对从业人员的品质、特点、技能及工作背景或经历等方面要求的书面文件。

三、制定岗位分析的实施计划

岗位分析是一项技术含量较高的工作。它不仅要求岗位分析人员具有较高的知识和技能,还要求企业提供一定的资源。在这种条件下,为使岗位分析达到预期的效果,就需要制订一份详细的岗位分析的实施计划。

在实施的操作过程中,应该列出具体的、精确的时间表,具体到在每一个时间段,小组成员的具体职责和任务是什么。对于接受访谈或调研的人,也应事先制定好时间表,以便其安排手头的工作或事务。这一具体的实施操作计划,在执行的过程中可能还会做出一定的调整。一旦计划发生改变,应及时通知相关人员。

一份详细的岗位分析实施计划包括:①岗位分析的目的和意义;②岗位分析所需收集的信息;③岗位分析项目的实施者;④岗位分析的程序;⑤岗位分析的时间;⑥岗位分析方法的选择;⑦岗位分析的参与者;⑧岗位分析提供的结果;⑨岗位分析结果的审核与评价者。

在制定实施方案时,还应规范岗位分析中的用语。在岗位分析过程中,信息的表达方式可以是多种多样的,对于一个问题的理解和解释也各不相同。为了争取不同岗位分析人员所收集上来的信息能尽量保持一致,应减少因用语不同所造成的误差。

四、组建岗位分析小组

专门的岗位分析小组的成员应包括:进行策划和提供技术支持的岗位分析专家、实施操作的专业人员以及负责联络协调的人员。通常,专家是从外部聘请的,其他人员则由组织内部人员构成。

在岗位分析人员的选择方面,目前企事业组织做得不是很成功。一般人都认为,担任岗位分析的人员应该是职级较高的人,且善于分析,有良好的视觉能力、记忆能力,文化水平较高,可以与同事发展良好的合作关系,同时熟悉多方面岗位的工作、工艺和机器。实际情况并非如此,符合上述条件的人员虽然很优秀,但在岗位分析实践中不像人们想象的那么有价值。

在成立专门岗位分析小组的同时,还要明确小组成员各自的职责。这样,在工作时就不会出现互相推诿的情况,从而提高工作的效率和质量。他们的职责主要有两个方面,其一是在基本步骤的框架中制订更为详细的实施计划;其二是计划方案审查与督促的实施。第一个责任涉及计划方案的组织与细化;第二个责任涉及计划方案的实施。

岗位分析小组的人员数量视情况而定。如果工作难度大、重复性强,人员数量就要相对多一些;如果工作难度不大,人员数量就要相对少一些。通常情况下,岗位分析小组成员的数量是单数,这样有利于岗位分析结果的形成。

第二节　智能化煤矿岗位分析的准备阶段

一、背景资料的收集

在进行岗位分析时,有些信息需要实地收集,而有些现存的背景资料对于岗位分析也是至关重要的。对岗位分析有参考价值的背景资料主要包括:组织现有的资料和职业分类标准。

组织结构通常是通过组织图描绘出来的,组织图中既包括了纵向的报告关系,又包括了一些横向的职能责任。

组织结构的两个最为关键的维度是集中化和部门化。集中化(Centralization)是指决策权力集中于组织结构图上层的程度,它与将决策权分配到组织图的较低层次上的做法(即决策权的分散化)是相反的。部门化是指各个工作单位在很大程度上是根据职能的相似性或者工作流程的相似性而进行分类的。

组织结构对创造产出的不同个人以及工作单位之间的静态关系提供了全面的概括,而工作流程设计对于"投入转化为产出"的动态关系提供了一种纵向的透视。相比较而言,流程图比组织图更为详尽,它可以表明工作是如何彼此联系的。

组织图提供的是粗略的框架,而流程图则提供了对特定工作更为详尽地分析。在实际的岗位分析收集方法采用之前应该参考这些相近的资料来源。

部门职能说明书规定了组织中某一部门的使命和职能,而岗位分析就是要将部门的职能分解到下属的岗位上去。仔细研究现有的部门职能说明书，可以帮助我们将部门的职能全面有效地分解到该部门内部的各个岗位上（表7-1）。

表7-1 部门职能说明书

人力资源部职能说明书				
部门及负责人名称	人力资源部	部门负责人	人力资源部经理	直接主管 行政副总
岗位设置	人力资源部经理、招聘专员、培训专员、薪酬福利专员			
部门使命	人力资源部负责建立和健全人力资源开发与管理体系，并确保其得到持续、有效的实施与发展，为各部门提供人力资源管理服务和支持			
部门主要职能	拟订人力资源管理规范 制定人力资源规划，进行人力资源供给与需求分析 实施岗位分析，编写工作说明书 实施人员招聘、甄选、评估工作 组织实施集团的绩效考核工作 建立与调整薪酬福利体系 分析培训需求，拟订培训计划，组织实施培训			

在刚组建的组织中，并没有进行过岗位分析，其岗位说明资料仅仅是公司的规章以及招聘广告等少量资料。而在已有的组织中，关于岗位描述方面的资料则更多一些。有很多组织，都定期或不定期地实施过岗位分析，因此，在这些组织中一般会有一些现成的岗位职责、岗位描述等资料。这些现有的资料尽管可能不尽完善，或者由于工作的变化已经与现在的实际情况不符，但提供了工作的一些基本信息，因此仍然具有参考价值。

二、职业分类标准

职业分类是采用一定的标准，依据一定的分类原则，对从业人员所从事的各种社会职业进行全面、系统的划分与归类。职业分类的基本依据是工作性质的同一性。我国的职业分类辞典中将职业分为大类（8个）、中类（66个）、小类（413个）和细类（1838个）四个层次，依次体现由粗到细的职业类型。每一个层次都有不同的划分原则和方法。大类层次的职业分类是依据工作性质的同一性,并考虑相应的能力水平进行分类的;中类层次的职业分类是在大类的范围内,根据工作任务和分工的同一性进行的;小类的职业分类是在中类的范围内,按照工作环境、功能及其相互关系的同一性进行的;细类的职业分类即为职业的划分和归类,它是在小类的基础上,按照岗位分析的方法,根据工艺技术、对象、操作流程和方法的相似同一性进行分类的。

三、分析信息收集的类型

从对现有资料的分析中,我们已经得到了一些关于岗位分析的基本信息。但是,关于岗位的最关键的、大量的信息往往不是从现有的资料中可以获得的,需要从实地调查研究中得到。在实施岗位分析调研之前,需要事先明确收集哪些信息。一般而言,岗位分析所需要的基本数据的类型和范围取决于岗位分析的目的、岗位分析的时间约束和预算约束等因素。确定要收集哪些信息,可以从以下几个方面加以考虑:

(1)根据岗位分析的目的和侧重点,确定要收集哪些信息。

(2)根据对现场资料的研究,找出一些需重点调研或需进一步澄清的信息。

(3)按照6W1H(6H1H即What、Why、Who、When、Where、Which和How)原则考虑需要收集的信息。

四、确定信息收集的方法

收集岗位信息的方法多种多样,有定性的方法,也有定量的方法;有以考察工作为中心的方法,也有以考虑任职者特征为中心的方法。那么在具体进行岗位分析时,如何选择最有效的方法呢?实际上,每一种收集工作信息的方法都有其独特之处,也有其适合的场合;有其优点,也有其不足之处,并不存在一种普遍适用的或最佳的方法。在进行岗位分析时,应该根据具体的目的和实际情况,有针对性地选择一种或几种方法,这样才能取得较好的效果。一般而言,在进行岗位分析时,岗位分析人员都是将几种方法综合运用,从而最有效地发挥其优点,使得所收集的信息尽量全面。而方法的选择则要考虑多种情况,也不是越多越好,而是要恰如其分。在选择收集岗位信息的方法时,要注意以下几点:

首先,要考虑岗位分析所要达到的目的。

其次,选择收集岗位信息的方法时,要考虑所分析的岗位的不同特点。不同的岗位有不同的要求,有的岗位的活动比较外显,以操作机械设备为主,这样的岗位对工作经验的要求就强一些,如汽车驾驶员这样的岗位就可以使用现场观察法;而有的岗位的活动以内隐的脑力活动为主,这样的岗位对知识和智力的要求就高一些,如有机化学研究员,就不易进行观察,那么运用观察法对这样的岗位收集工作信息就不适合。可以使用问卷调查法或访谈法,因此,对于不同的岗位,应选用不同的岗位分析方法和技术,以便更准确地对工作加以描述。

再次,选择收集岗位信息的方法时,还应考虑实际条件的限制。有些方法虽然可以得到较多的信息,但可能由于花费的时间或财力较多而无法采用。例如,现场观察法,可以较直接地从工作任职者处获得信息,而且观察者与被观察者之间可以进行交流,能够较深入地挖掘相关岗位信息,但它需要花费的时间较多。而问卷法,虽然获得的信息有限,但可以同时作答,效率较高,很适合在时间要求较紧的情况下采用。

最后,选择收集工作信息的方法时,还应考虑岗位分析方法及人员的相互匹配性。每种岗位分析方法都有其优劣,每个企业的员工面貌也不一样,在这种情况下,要综合运用多种方法,尽可能多地收集岗位信息。例如,面谈法一般与观察法同时进行,辅以调查问卷。选定了收集信息的方法之后,就要着手准备该方法所需的材料。例如,面谈的提示、调查问卷、观察的记录表格等。

第三节　智能化煤矿岗位分析的实施

一、取得相关人员的理解

由于岗位分析需要深入到具体的工作岗位上,对每个岗位都有全面而准确的了解,以便最终形成一份精确的岗位说明书。在进行这项工作的过程中必然要同大量的岗位任职者和管理者建立联系,因此赢得他们的理解和支持是非常重要和必要的。

在开始实施岗位分析时,需要与相关人员进行沟通。这种沟通一般可以通过召集员工会议的形式进行,在会上可以由岗位分析小组对有关人员进行宣讲

和动员,也可以进行重点的面谈,针对性地对员工进行宣传。与岗位任职者进行沟通主要有以下目的:

(1)消除员工的戒备情绪。在工作中被人仔细观察时,被观察者往往会感到不适,产生不安感。因此让被观察者了解岗位分析的目的和意义,消除内心的顾虑和压力,取得他们的支持与合作是必要的。为了达到这个目的,可以向其介绍岗位分析对于开展工作的意义、对于管理工作的好处,激发他们的兴趣,另外,还要澄清他们对岗位分析的一些认识。例如,要让他们认识到岗位分析的目的是为了分析工作的一些特性,而不是评估岗位任职者的表现,以此消除他们不必要的担心。让他们认识到岗位分析的结果并不是给其增加工作量,而是通过明确分工来提高效率,减轻大家的工作负担。

(2)采取适当的步骤。岗位分析人员在进行岗位分析时,把岗位分析的步骤告诉岗位任职者,有利于其心理安定。员工在不知道岗位分析步骤的情况下进行工作时,就会有一种急躁的情绪。如果告诉他们岗位分析的步骤,就可以取得参与员工的积极配合,最终使得岗位分析得以顺利地进行。

(3)合理安排时间。让岗位任职者了解岗位分析大致需要多长时间,以及时间进度,他们就会了解自己大概会在什么时候需要花费多少时间进行配合,便于他们事先做好准备和安排,留出足够的时间来配合岗位分析工作。

(4)使用正确的方法。让岗位任职者初步了解岗位分析中可能会使用到的方法,以及在各种方法中他们需要如何配合,如何提供信息等。这样,会使收集的信息更加有效。

(5)选择参与的方式。岗位分析人员在进行岗位分析时,容易与岗位任职者产生隔阂。在这种情况下,告诉他们如何参与以及有问题寻找谁帮助时,可以减少阻力,使得岗位分析顺利进行。

二、审查、确认工作信息

通过对收集来的信息进行加工、处理而形成的文字资料,必须经过岗位任职者及其上级主管进行审查、核对和确认,才会避免偏差。那么,如何鉴定这些工作信息呢?下面介绍两种方法:

(1)测量。岗位分析中的测量是岗位信息质量鉴定的一种常用手段。一般来说,测量就是按顺序给事物指派数字的过程。但在实际操作中,测量是揭示工作因素及其物质数量化的过程。

在测量学中,区分因素与特质的差异是很重要的,下面将用一个实际例子来说明二者之间的差异(表7-2)。需要强调的是,工作因素本身对于岗位分析的意义并不大,它的意义在于特质与特质的数量特征。当一种特质被数字标明并按顺序排放时,就变得可测量了。

表7-2 因素与特质的比较

因 素	特 质
规 则	大小、燃料消耗、商标名称
机 器	清晰度、公平性、适用性
任 务	难度、重要性

(2)统计。岗位分析中的统计是指对岗位信息的总体数量进行搜集、整理和分析的过程。为了充分利用所收集到的信息,分析者需要将它们分类、整理并做相应的处理,从而以此为依据进行判断和推理。主要有三方面的工作:一是信息数据的校验与清晰,包括完整性检查、逻辑校验,确保信息准确可靠;二是信息的分类与汇总分析,通过描述统计与趋势分析等操作,提炼信息特征;三是利用数据可视化工具展示分析结果,帮助理解岗位信息的特点。

第四节 智能化煤矿岗位分析结果的形成与验证

一、岗位说明书

岗位分析的直接结果是形成各个岗位的岗位说明书。因此,岗位分析人员需要在岗位分析实施方案中说明将要形成哪些岗位的岗位说明书。岗位说明书可作为人员招聘、培训、考核、薪酬制定等工作的依据和标准。

撰写岗位说明书时,首先,需要根据建立的岗位结构,对岗位的基本信息进行描述,主要是通过岗位名称、编号、等级等,对岗位在组织中的位置与类别进行标识。其次,是对不同工作性质的岗位,采取不同的方式进行岗位分析。最后形成岗位说明书,按照一定的结构内容对岗位进行说明与规范管理,使组织工作从战略、目标落实到最基层的各个岗位,组织管理系统化。

二、岗位设置

岗位设置的科学与否,将直接影响一个企业人力资源管理的效率和科学性。在一个组织中,设置什么岗位、设置多少岗位,每个岗位上安排多少人、安排什么素质的人,将直接依赖岗位分析的结果。一般来说,岗位的设置主要考虑以下几点:

(1)因事设岗原则。设置岗位既要着眼于企业现实,又要着眼于企业发展。按照企业各部门职责范围划定岗位,而不应因人设岗;岗位和人应是设置和配置的关系,不能前后颠倒。

(2)规范化原则。岗位名称及职责范围均应规范。对企业脑力劳动岗位规范不宜过细,应强调创新。

(3)整分合原则。在企业组织整体规划下应实现岗位的明确分工,又在分工基础上有效地综合,使各岗位职责明确又能上下左右之间同步协调,以发挥最大的企业效能。

(4)最少岗位数原则。既考虑到最大限度地节约人力成本,又要尽可能地缩短岗位之间信息传递的时间,减少"滤波"效应,提高组织的战斗力和市场竞争力。

(5)人事相宜的原则。根据岗位对人的素质要求,选聘相应的工作人员,并安置到合适的岗位上。

三、岗位评价

通过岗位分析,提炼评价岗位的要素指标,形成岗位评价的工具;通过岗位评价确定岗位的价值等级。根据岗位的价值,便可以明确求职者的任职实力。根据岗位的价值和员工任职实力的匹配程度,我们就可以在人力资源管理实践中,根据岗位价值或任职实力发放薪酬、确定培训需求等。

四、工作再设计

对一个新建组织而言,利用岗位分析提供的信息,要设计工作流程、工作方法,工作所需的工具及原材料、零部件等。而对一个已经在运行的组织而言,则可以根据组织发展需要,重新设计组织结构,重新界定工作内容,改进工作方法,改善设备,从而提高员工的积极性和责任感、满意度。前者是工作设计,后者是工作再设计。工作再设计不仅要满足组织需要,而且要兼顾个人需要,重新认识并规定某项工作的任务、责任及在组织中与其他工作的关系,并确定工作规范。

五、定编定员

根据岗位分析提供的信息,确定工作任务、人员要求、工作规范等,这只是岗位分析第一层次的目的。随后的任务是如何根据工作任务、人员素质、技术水平、劳动力市场状况等,有效地将人员配置到相关的岗位上。此处定编定员的问题。定编定员主要是为以下工作提供科学依据:

(1)制订企业人力资源计划和调配人力资源。

(2)充分挖掘人力资源潜力,节约人力资源的使用。

(3)不断改善劳动组织,提高劳动生产率。

为此,定编定员必须做到:

(1)以实现企业的生产经营目标和提高员工的工作士气、职业满意度为中心。

(2)以精简、高效、协调为目标。

(3)同新的劳动分工和协作关系相适应。

(4)合理安排各类人员。

六、岗位基本信息的编写规则

(1)高管编码规则。部门编号的格式为"类型-编号",具体编制方式为G-AA。其中,G为高管标识,AA为高管序号。

(2)部门编码规则。部门编号的格式为"类型-编号-部门",具体编制方式为XX-YY-ZZ。其中,XX为部门类型,分为机关部室和基层单位两类,分别用JG和JC表示;YY为部门序号;为了更直观识别部门,编码中加入了部门名称首字母缩写ZZ,作为第三个信息。考虑到个别部门首字母缩写相同,可使用四个字母的缩写。

(3)岗位编码规则。岗位编码的格式为"类型编号-部门-部门内编号",具体编制方式为XXYY-ZZ-AA。岗位编码是在部门编码的基础上加上本部门岗位序号 AA 组成。

岗位说明书中关于岗位信息描述部分的例子,详见下方二维码:

七、岗位分析结果的验证

智能化煤矿岗位分析结果的验证需要通过实践中的应用进行验证。

(1)试点阶段。需要选择一定规模的煤矿企业作为试点单位,将智能化技术应用于特定的工作环节中。通过试点,可以初步了解智能化煤矿岗位的适配度,是否能够达到预期目标。例如,在采煤环节,可以选择一个矿区进行智能化采矿设备的试点应用;在运输环节,可以选择一个煤炭运输基地进行智能化车辆的试点应用。

(2)监测与评估。在试点应用过程中,需要对智能化煤矿工作岗位进行长期监测和评估。监测内容包括工作效率、资源利用率、能源消耗等指标的观测和记录。同时,需要及时发现问题并进行调整和改进。通过长期的监测与评估,可以对智能化煤矿岗位的实际效果进行准确评估。

(3)推广应用。经过试点验证和改进调整后,如果智能化煤矿岗位的运行效果良好,可以将其逐步推广应用到更多的煤矿企业中。同时,需要重视宣传与培训工作,提高员工对智能化岗位的接受度。

第五节 智能化煤矿岗位分析结果的应用与反馈

一、岗位分析结果的应用

(一)构建职位描述与任职资格标准

根据岗位分析结果,详细构建每个岗位的职位描述,明确岗位的基本信息、职责范围和工作内容,深入剖析岗位所需的技能、知识、经验和能力要求。制定明确的任职资格标准,包括学历、专业、资格证书等硬性条件,以及工作态度、团队协作、问题解决等软性素质要求。这一过程确保了企业在招聘与选拔时能够精准定位,吸引到与岗位高度匹配的人才,为企业的长期发展奠定坚实的人才基础。

(二) 制订个性化培训与发展计划

基于岗位分析结果,识别员工当前能力与岗位要求的差距,确定培训的重点和方向,设计符合员工个性化需求的培训内容和方式。这不仅有助于提升员工的专业技能和综合素质,还能激发员工的工作热情和创造力,促进员工的个人成长与职业发展。

(三) 进行岗位评估与调整岗位设置

基于岗位分析的结果,进行岗位价值评估,确定不同岗位的重要程度和相对价值,为薪酬体系的设计提供依据。根据智能化煤矿的实际需求,调整岗位设置与人员编制,优化组织结构,确保人力资源的合理有效。通过合理调配人员,实现人岗相宜,提升团队的整体效能和协作能力。

(四) 推动工作流程优化与技术创新

基于岗位分析结果,识别工作流程中的瓶颈和改进空间,推动工作流程的优化和技术的创新。通过引入智能化工具和技术手段,提升作业效率和安全水平,降低人力成本和运营风险。这不仅有助于提升企业的核心竞争力,还能为员工创造更加安全、高效的工作环境。

二、岗位分析结果的反馈

(1) 整理和汇总岗位分析的结果,包括岗位职责、技能要求、工作条件等信息,确保数据准确无误,并形成结构化文档。根据岗位分析结果,识别出各个岗位的核心要素,包括关键任务、所需技能及资格条件等,将岗位分析的结果整理成易于理解的形式,如图表和列表,便于相关人员能够快速掌握关键信息。

(2) 组织专门的会议或研讨会,邀请管理层、人力资源部门、技术专家以及相关岗位的员工参加,共同讨论岗位分析的结果。在会议上详细解释岗位分析的过程和结果,确保所有参与者都能够充分理解岗位分析的目的、方法和结论。收集来自参会人员的意见和建议,特别是直接从事相关工作的员工的看法,因为他们对于实际工作中遇到的问题有着最直接的感受。

（3）根据收集到的反馈意见，对岗位分析的结果进行审查和调整。如果发现某些岗位的职责描述不够准确或者技能要求设定不合理，应当及时进行修正。同时也要考虑是否有必要对某些岗位进行重新定义或调整，以更好地适应智能化煤矿的实际需求。将调整后的岗位分析结果再次呈现给相关人员，并征求他们的意见，确保最终版本能够得到广泛地认可和支持。在此过程中，要特别注意与员工的沟通，让他们了解自己的岗位职责、发展前景以及如何提升自身技能以适应新的工作要求。

（4）建立动态管理机制，确保岗位分析结果能够随着煤矿智能化水平的提升而持续更新。这包括定期回顾岗位分析的结果，根据煤矿的实际运行状况和技术进步的情况进行必要的调整，也包括定期评估岗位分析结果的应用效果，通过收集员工的反馈和绩效数据，来验证岗位设置的有效性，并据此做出进一步的优化。

第八章
智能化煤矿岗位分析的应用

智能化煤矿岗位分析是一项巨大而复杂的基础性工作,是在对智能化煤矿企业的一切问题进行深刻了解的基础上展开的一项工作,它所产生的结果可以运用在智能化煤矿企业人力资源规划、人员招聘、员工培训、绩效管理、薪酬管理等多个领域。

第一节 智能化煤矿岗位分析在人力资源规划中的应用

一、人力资源规划概述

(一)人力资源规划的内容

人力资源规划是指一个组织科学地预测、分析其人力资源的供给和需求状况,制定必要的措施和政策,以确保该项组织在规定的时间和需要的岗位上获得各种必需的人力资源的计划。人力资源规划一般包括岗位职务规划、人员补充规划、教育培训规划、人力分配规划等内容。

(1)岗位职务规划。岗位职务规划主要解决企业定编定员的问题。组织依据企业近期目标及远期发展目标、工艺要求、生产设备、生产率等状况,确立相应的组织机构、岗位职务标准,进行定编定员。

(2)人员补充规划。人员补充规划主要指在中长期内使组织的岗位空缺能从质量和数量上得到合理的补充。人员补充规划要具体指出组织发展所需要的各级、各类人员所需具备的资历、技能等要求。

(3)教育培训规划。教育培训规划是指依据企业发展的需要,通过各种教育培训途径,为企业培养目前和未来所需要的各类合格人员的规划。

(4)人力分配规划。人力分配规划是指依据企业的组织机构、岗位的分工来配置所需的人员,包括员工的调配、工作调动等内容。

(二)人力资源规划的步骤

人力资源规划主要包括以下几个步骤(图8-1):

(1)明确企业的战略目标。

(2)收集、分析人力资源的供需信息,对人力资源供给和人力资源需求进行预测。

(3)制定相应的人力资源政策。

(4)进行人力资源实践,如设计招聘、培训或晋升等具体计划并付诸实施。

(5)对实施方案进行控制与反馈,确保实现企业的战略目标。

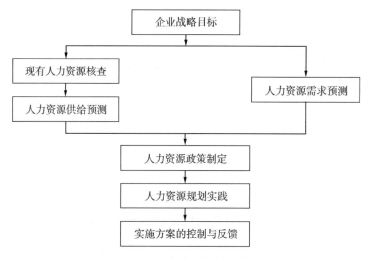

图8-1 人力资源规划的步骤

人力资源规划的制定与落实是一个复杂的过程。组织只有对人力资源需求预测和供给预测进行分析比较,才能制定出相应的人力资源政策。因此,对人力资源进行需求预测和供给预测是人力资源规划的重要环节和步骤。

二、岗位分析与人力资源规划

人力资源规划是企业发展战略的重要组成部分,也是组织选人、育人、用人、留人等各项人力资源管理工作的依据。岗位分析是人力资源管理中一项重要的常规性技术,是整个人力资源管理工作的基础,二者密不可分。岗位分析的结果可以为人力资源规划提供可靠的依据。一个组织有多少个工作岗位,这些岗位目前的人力资源配备能否达到工作和岗位的要求,今后几年内工作将有哪些变化,人员的结构应作出哪些相应的调整,几年甚至几十年内人员增减的趋势如何,后备人员的素质应达到何种水平等问题都可以依据岗位分析的结果做出适当的处理。

可见,人力资源规划的制定是以组织的岗位分析为基础的,同时它又为下一步的人力资源管理活动制定了目标、原则和方法。

(一) 岗位分析与需求预测分析

进行人力资源需求预测分析时,首先要收集相关的信息资料,包括企业的发展战略和目标、组织架构、工作说明书、现有人力资源信息等,这些资料都可在岗位分析中获取。此外,还要收集一些关于组织经营环境的硬约束性资料,包括社会、政治、经济、法律环境等,这些也是制订人力资源规划必须考虑的因素。

通过岗位分析,企业可以获得现有人力资源的整体情况:对于岗位说明书中的各岗位人员的工作职责进行分析,可以掌握各类人员的职责能否实现组织未来的发展目标;对于工作规范的分析,可以了解组织现有岗位人员是否具备实现组织发展战略的技术和能力;通过对组织发展战略、组织文化与组织环境等情况的分析,可以对未来所需人力资源的数量、质量及结构的总体状况做出预测分析,从而确定组织是否需要进行人员补充,以及需要哪种类型的人员补充,从而设计出未来所需人员的职责。

同时,通过对岗位分析结果的分析,还可以掌握现有人员的数量以及未来可能的流向,确定人力资源的需求数量及年龄要求。

(二) 岗位分析与供给预测分析

组织人力资源供给预测分析的信息主要来源于两个方面:一是组织外部人员的招聘,二是组织内部人员的晋升、调配。组织对人力资源供给预测的信息进行分析,在一定程度上依赖于岗位分析的结果。

1.确定所需人员的标准

对组织外部人员的招聘首先要确定的是人员的标准,只有符合组织需要的人员才是供给预测分析的对象。在对组织外部人员的招聘信息进行分析时,可以依据本组织的岗位分析结果,按照工作描述、工作规范对组织所需的人员标准、条件进行分析,掌握组织外部未来能够适应本组织发展的相关人员数量。岗位分析所形成的规范性文件是组织对外部人员信息进行预测分析的前提。只有依据规范性文件,组织才能对这些信息进行分析和筛选。如工作规范规定了岗位的任职资格,只有具备该资格的人员才符合该岗位的任职要求,那么在进行供给预测分析时,只能在具备了该资格的人员范围内对其流动性进行分析。

假设某企业设计工程师的工作规范要求任职资格为具有五年以上设计经验且掌握工艺流程等,那么在进行外部人员的招聘信息分析时,分析范围只能限于具备或将来具备这些条件的人员。如果没有针对性地分析人群,作出的供给预测分析对企业而言是毫无意义的。

2.提供供给预测分析的资料

人力资源供给预测主要是根据组织内部外部条件,对未来一定时间内,组织空缺岗位能获得补充的人员总数及获得供给的时间进行估算。对任何一个组织而言,其人员都是流动的、发展的。组织内员工会出现不同形式的流动,如岗位晋升与调配,员工的自然流失、伤残、退休或死亡等,这些信息都属于人力资源供给预测分析的内容。在进行人力资源预测分析时,必须掌握组织内现有人员流动趋势的信息,而这些信息则可以通过对岗位说明书的分析获取。一份完整的岗位说明书不仅包括了工作名称、工作环境、工作职责,而且对于该岗位的晋升、降级、所受的培训都有详细描述,通过对这些信息资料的整理,可以进行相应的人员供给预测分析。例如,岗位说明书中对工作关系的描述,可用于人员配置图(供给预测分析的方法之一)的构建。工作关系描述包括该工作可晋升的岗位、可降级的岗位、可转换的岗位以及可迁移至此的岗位,并且工作说明书还提供了每个岗位的具体任职资格,这些信息就可用于形成人员配置图以显示哪些岗位的员工可以成为该岗位最合适的人选,以及其所应具备的资格和条件。

(三)岗位分析与人力资源政策

在完成人力资源的需求预测与供给预测,并比较平衡后,组织会制定相应的人力资源政策。制定这些政策的目的主要是用来保障组织未来发展所需人员的有效供给。

组织人力资源的供求会出现三种情况：供求平衡、供给不足、供给过剩。

1.供求平衡

当供求平衡时，组织的人力资源政策可以在保持现有的岗位分析结果的基础上，对其进行一些必要的维护，保证各岗位的任职者能够按照岗位说明书所描述的职责、任职资格及工作协作等有序地进行工作和生产。

2.供给不足

当供给不足时，组织的人力资源政策主要有两种选择：一种是招聘增员，另一种则是进行工作职责的拓展。

如果招聘增员的话，那么组织应根据所缺人员应承担的工作职责、应掌握的知识技能、所在职位的工作环境及其他条件等编制岗位说明书，人力资源部门根据岗位说明书制订相应的招聘方案，确定招聘人员的标准。

如果要拓展现有职位的工作职责，组织也需要借助岗位分析。工作职责的拓展就是将员工的工作范围扩大，增加员工的工作任务，让员工完成更多的工作量。首先，在拓展工作职责之前，要先对岗位分析的结果进行梳理和分析，了解各岗位工作的饱和度。对于工作任务、工作量已达到饱和状态的岗位，不适宜再对其进行职责的拓展；对于未达到饱和状态的工作岗位，则可以考虑拓展其工作内容。其次，在决定对某些具体岗位进行工作职责的拓展时，组织要根据各岗位的实际情况，确定职责如何进行扩展。一方面要对增加的工作任务、工作职责进行分析，以确定完成这些任务和职责所需的知识、技能；另一方面要对这些岗位原本所需具备的资格条件进行分析，然后将两者进行对比，从而确定哪些岗位可以扩展何种工作职责。如果原有岗位任职者不具备新增任务所需的相应资格条件，则还要规定相应的技能或知识培训内容。只有这样，才能保证拓展后的工作职责能顺利完成。

职责拓展后，由于各岗位的工作关系、工作环境、工作职责、工作技能要求等都可能发生改变，原有的岗位说明书已不能准确描述职责拓展后的岗位。因此，组织应根据职责拓展后的实际情况对相应岗位重新进行岗位分析，并制定岗位说明书。

3.供给过剩

当供给过剩时，组织的人力资源政策主要有三种：一是裁减或辞退员工；二是进行工作职责的分解;三是减少工作时间,同时也减少工资。组织可以根据自身的人力资源政策精简组织机构,裁撤冗员,辞退不能满足组织发展要求的人员,再重新整合工作任务,完成人岗匹配。工作职责的分解主要是将原有的一个或两个岗位的职责由两个或更多岗位来共同完成,以此达到不裁员的目的。再者就是用减少工作时间的办法来缓解人力资源供大于求的矛盾。不少组织在经济衰退或出现行业危机时,为了能使全员共渡难关、提高企业人员的凝聚力,就采用第二种或第三种方法。不论是哪一种情况,都需要及时对原有的岗位说明书进行适当修改和调整,为以后的其他人力资源管理活动提供依据。

(四)岗位分析与人力资源规划

人力资源规划的最后一个步骤——控制与反馈,是指对人力资源规划的合理性、准确性进行反馈,并根据现实情况不断予以修正和完善的过程。对人力资源规划进行控制与反馈,是为了实现对人力资源的适时、有效配置,其最终目的是保证组织战略的顺利实施。对人力资源规划进行控制与反馈需要关注的内容是多方面的,如各岗位任职者能否胜任该岗位工作,各岗位任职者能否按照岗位设置的目标履行各自的工作职责,各岗位工作职责的完成能否最终实现组织的发展方向或战略目标等,这些都需要以岗位分析的结果为依据来检验和衡量。通过对组织内所有岗位进行分析,及时发现有关岗位可能存在的问题,避免因为组织内岗位设置的原因或是岗位任职者的原因影响了组织的发展。

第二节 智能化煤矿岗位分析在人员招聘中的应用

一、智能化煤矿岗位分析与人员招聘的关系

招聘工作是企业管理的主要工作内容之一。一个企业要想永远留住自己所需要的人才是不现实的,当工作机会充裕时,员工流动比例就高;当工作机会稀缺时,员工流动比例就低。加之企业内部正常的人员调动、员工退休或被辞退,使得人员补充成了企业一个经常性的活动。同时,招聘又是一项耗费大量

人力、物力和财力的工作,如果盲目地开始招聘,不但无法保证员工的素质,而且会造成经济损失。要使招聘有效地发挥招纳企业所需人才的作用,就必须有一个基础平台支持其运转,这个平台就是智能化煤矿岗位分析。基于智能化煤矿岗位分析的招聘流程以及岗位分析在招聘各个环节中所起的作用分别见图 8-2 和表 8-1。

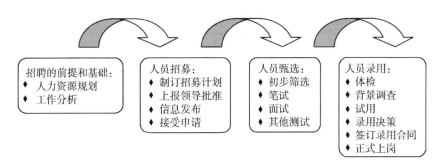

图 8-2　智能化煤矿岗位分析的招聘流程

表 8-1　智能化煤矿岗位分析的招聘

招聘流程中的环节	岗位分析在各个环节中的应用
确定招聘需求	通过岗位分析掌握人力资源规划中人员配置是否得当,了解招聘需求是否恰当,分析需要招聘岗位的工作职责、工作规范
确定招聘信息	根据岗位说明书准备需要发布的招聘信息,使潜在的候选人了解对岗位的要求和对应聘者的要求
发布招聘信息	根据工作规范的素质(知识、技能等)特征要求及招聘的难易程度选择招聘信息发布渠道
应聘者资料筛选	根据工作规范的要求进行初步资格筛选,以选择适合的应聘者面试,以节约成本
招聘测试	根据招聘岗位或职位的实际工作,选用适当的方式(操作考试情景测试、评价中心);选用与实际工作相类似的工作内容对应聘候选人进行测试,以测试其在未来实际工作中完成任务的能力
面试应聘者	通过岗位分析掌握面试中需要向应聘者了解的信息,验证应聘者的工作能力是否符合工作岗位的各项要求
选拔、录用	根据工作岗位的要求,录用最适合的应聘者
工作安置和试用	根据工作职位的要求进行人员合理安置,对试用期的员工进行绩效考核,确认所招聘人员是否满足该岗位要求

从图 8-2 和表 8-1 可以看出,在智能化煤矿企业的招聘工作中,智能化煤矿岗位分析在确定招聘标准、人员招募和人员甄选等方面提供了重要的支持和贡献。下面我们对智能化煤矿岗位分析与招聘的关系做进一步的分析。

二、智能化煤矿岗位分析与招聘广告

我们以智能化煤矿企业作为案例进行分析。智能化煤矿岗位要招聘技术工程师,销售部门人力资源部经理赵某设计的招聘广告内容如下:"本公司招聘 3 名技术工程师,最好是具有良好形象的大学生。"广告刊登后的一周内,赵经理收到 400 多份应聘者的简历,但是在对这些简历进行初步筛选后,他发现没有人熟悉智能化技术。这是因为该广告没有将"熟悉智能化技术相关的必备要求"作为招聘条件,而使用了与该工作无关的"良好形象"这一主观标准,所以导致很多不适合该岗位的人也来申请这一岗位。

上述案例在一定程度上揭示了一个关系,即招聘广告的内容必须以工作本身的信息为基础,而关于工作的客观信息可以通过智能化煤矿岗位分析的成果——智能化煤矿工作岗位说明书获得。一般而言,招聘广告的内容包括:招聘岗位的名称、主要工作内容和招聘条件三个方面,其与智能化煤矿岗位分析的关系如图 8-3 所示。

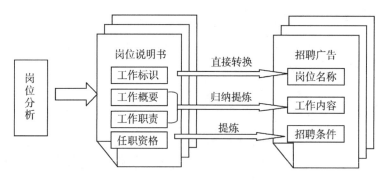

图 8-3 招聘广告内容与智能化煤矿岗位分析关系图

(一)岗位名称

岗位名称是智能化煤矿工作岗位说明书中工作标识的内容之一,招聘广告中的岗位名称直接来源于智能化煤矿工作岗位说明书中的工作标识。

(二) 工作内容

招聘广告的工作内容应根据智能化煤矿工作岗位说明书中的工作概要和工作职责部分提炼而得。广告的设计必须考虑两方面的问题：一是版面的限制，二是如何吸引符合条件的应聘者。招聘广告要求信息必须精练，否则激发不了应聘者的兴趣，信息也不全面。因此，招聘广告没有必要把智能化煤矿工作岗位说明书中的所有工作职责信息都包括进去，往往只需要从工作岗位说明书中提炼出该职位最主要、最关键的职责。根据管理学的"2/8"原则（20%的内容创造80%的价值）可知，在智能化煤矿工作岗位说明书中排在前四位的职责基本上可以代表该岗位的主要工作内容，因此在拟写招聘广告的工作内容时，应选取该岗位的主要工作职责并进行概括归纳，最后用简练的语言表达出来。

(三) 招聘条件

招聘条件是招聘广告中最重要的内容，它来自智能化煤矿工作岗位说明书中的工作规范。为了设计广告版面和吸引应聘者，工作规范中的信息必须经过提炼才能纳入招聘广告。工作规范中对任职者的要求很多，主要包括所需要的知识、技能、能力、学历、专业以及工作经验等。招聘广告的发布主要用于吸引基本满足任职要求的应聘者，因此，招聘广告中的招聘条件应侧重于工作规范中提到的"硬件"，即学历、专业、工作经验和知识技能，在智能化煤矿企业中最重要的"硬件"则是对智能化技术的掌握程度；而对于工作规范中的"软件"，即能力要求，通常是在面试阶段着重考核的部分，在招聘广告中往往并不十分强调。即使需要，也只是从众多的能力要求中选择最为重要的几项列入招聘广告中。

三、智能化煤矿岗位分析与人员甄选的关系

通过各种招聘渠道吸引到应聘者之后，就需要借助一系列的人员甄选程序来对其进行筛选，以发现最适合招聘条件的应聘者。一般来说，人员甄选主要包括求职申请书筛选、考试、初次面试、复试等四个步骤。这四个步骤相互结合、相互补充，形成一个"漏斗式"的人员甄选过滤器，逐步缩小人员甄选的范围。智能化煤矿岗位分析的结果——智能化煤矿工作岗位说明书是人员甄选

各个环节的依据和标准,其对应关系如表 8-2 所示。

表 8-2 智能化煤矿岗位说明书与人员甄选的关系

人员甄选步骤	主要考察指标	与智能化煤矿工作岗位说明书的关系	与智能化煤矿工作岗位说明书对应的内容
求职申请书筛选	学历、专业、工作经验、资格证书	直接	教育程度、工作经验、资格证书
考试	基础知识、岗位知识	直接	岗位所需要的知识
初次面试	知识、能力与经验	间接	知识、能力与经验要求
复试	知识、能力与经验	间接	知识、能力与经验要求

从表 8-2 中可以看出,"求职申请书筛选"和"考试"这两个环节的主要考察指标和智能化煤矿工作岗位说明书中的内容是比较一致的,都属于"硬件"内容,如教育程度、资格证书等,两者之间的联系比较直接,都是可以直接衡量的。考察的指标只要采用智能化煤矿工作岗位说明书中对应的内容或对内容稍稍做些变动即可。而"初次面试"和"复试"这两个环节的主要考察指标是属于任职资格中的"软件"指标,如岗位能力、经验要求等。这些内容往往难以衡量,招聘人员必须仔细甄别这些指标,使之从智能化煤矿工作说明书中的文字形式变成脑海中深层次的感知。这就要求各个测试环节必须经过精心的设计,一是让应聘者可以真实地展现自己的能力,二是帮助招聘者实现对应聘者能力由文字到感知方面的过渡,同时还需要测试人员具有较强的洞察力和判断力,以确保测试的信度和效度。

四、智能化煤矿岗位分析与面试的关系

面试是指经过事先筹划安排的正式面谈,对于应聘者胜任能力的甄别具有关键意义。通过面试能够获得更多关于人员特质、心理预期以及综合素质等方面的信息,因此面试是使用最广泛的人员甄选手段。由于来自应聘者、招聘人员和环境三者的变量都会对面试的过程和结果产生影响,招聘人员必须对智能化煤矿工作岗位说明书中的内容进行深入、透彻的分析,才有可能让面试取得较好的效果,从而甄选出合格的任职者。要设计面试,首先就要确定它的评价结构。

(一) 面试的评价结构

确定面试的评价结构,就是要确定面试的评价内容和评价方式与手段。

1. 面试的评价内容

面试是围绕应聘者展开的,主要考察应聘者是否具备岗位所要求的知识、技能和能力,所以也应该围绕这些要求设置面试内容。面试的评价内容一般包括两个:一是通过战略和组织分析提出的组织对全体员工的通用性要求。这类要求一般和组织的性质有关,常常包括基本的仪表、气质、精神面貌、语言表达能力、与组织相关的基本知识和一般能力等,如在智能化煤矿企业,技术岗员工都应该懂一些智能化技术。二是通过智能化煤矿岗位分析确定的招聘岗位对任职者的个性化要求,即由于岗位工作内容的差异而提出的个性化的任职要求,通常包括基本的岗位知识、岗位能力、工作经验等。这部分内容直接来自智能化煤矿工作岗位说明书中的工作规范。

2. 面试的评价方式与手段

面试的评价方式一般有提问和观察两种。提问就是通过提出具有针对性的问题,根据应聘者的回答来了解他们的知识储备、工作经验、个人能力等。而观察则是通过对应聘者的衣着、言谈举止等外在特征的细心察看、倾听,进而考查应聘者的内在能力与素质。

提问和观察两种方式各有侧重。针对仪表、气质、风度、语言表达能力等要素特征的考查需采用观察方式,并应设计出观察的要点与评价标准;对于各项能力和经验等要素特征的考查则需要采用提问的方式,并应设计出提问的问题以及答案要点。这两方面的内容共同构成了面试的提纲与评价表。

(二) 面试的种类

根据提问方式的不同,面试可分为结构化面试、非结构化面试和混合式面试。

(1) 结构化面试是对同类应聘者,使用同样的语气和措辞,按照同样的顺序,问同样的问题,按同样的标准评分。这种面试适用于招聘基层操作岗员工。

(2) 非结构化面试是漫谈式的,主考官与应聘者可随意交谈,无固定题目,无限定范围,让应聘者自由发表言论。这种面谈意在观察应聘者的知识面、价值观、谈吐和风度,了解其表达能力、思维能力、判断能力和组织能力等。这是一种高级面谈,需要主考官有丰富的知识和经验,以及掌握高度的谈话技巧,否则很容易使面谈失败。因此,这种面谈适合于招聘中、高级管理人员。

(3)混合式面试既有结构化方式面试内容,又有非结构化方式面试内容,综合了两种方式的优点。

(三)智能化煤矿岗位分析对面试的贡献

智能化煤矿岗位分析是针对岗位本身进行的分析,所以提供的信息重点关注岗位专业性要求。智能化煤矿工作岗位说明书中对任职者的资格要求是能够胜任岗位的起码要求,提供的信息是胜任该岗位所需的基础知识、个人能力、工作经验等。智能化煤矿岗位分析对于面试的贡献,主要体现在帮助确立面试中所需考查的岗位知识、经验与能力要求上。对于应聘者是否具有能产生高绩效的胜任力特征,通过面试也能获得一些相关信息。尽管已有一些专家和学者提出要将胜任力模型引入岗位分析之中,但在我国目前的智能化煤矿岗位分析实践中,智能化煤矿工作岗位说明书中的工作规范基本上只是对胜任岗位的最低要求进行的描述,因此,这样的工作岗位说明书对那些更高层次的胜任力特征的甄别还无法提供评价依据。

第三节 智能化煤矿岗位分析在员工培训中的应用

随着智能化时代的到来,越来越多的企业认识到员工素质对于企业发展的重要性。而提高员工的素质和能力既需要有效的人员来甄选,将不符合企业和岗位需要的员工阻挡于企业之外;又需要通过有效的培训与人力资源开发来提升现有员工的素质与能力,以帮助组织不断适应新的竞争环境,不断适应组织战略所提出的新要求。

然而大多数中国煤矿企业的管理现状是重人力资源管理、轻人力资源开发。即使建立了培训开发体系,也往往由于缺乏准确有效的培训需求分析和培训过程控制,致使企业的培训效果大打折扣,人力资源投资得不到应有的回报。而这些问题的根源则在于没有构建科学、系统的培训体系;没有与具体工作进行有效的衔接,使培训工作找不到切入点和发力点;对培训缺乏事前的分析、事中的监控与事后的评估。

一、培训流程

智能化煤矿企业的培训大致可以分为以下四个环节:

(一) 智能化煤矿岗位培训需求分析

智能化煤矿培训需求分析是整个培训体系管理的起点,也是决定培训效果的关键。通过对智能化煤矿培训需求的分析,我们可以知道哪些岗位的员工需要培训,以及需要何种培训,这样就使得培训能够有的放矢,从根本上杜绝智能化煤矿企业中的无效培训,增强培训的效果和实用性。智能化煤矿岗位培训需求分析一般包括组织分析、任职资格分析和人员分析。

(二) 制订智能化煤矿岗位培训计划

在分析清楚培训需求之后,需要进一步将其转化为具有可操作性的培训计划,具体包括制订智能化煤矿岗位培训目标,设定智能化煤矿培训效果评估的标准,以及明确智能化煤矿岗位培训在组织、人员和时间上的安排和计划。

(三) 实施智能化煤矿岗位培训计划

在制订了智能化煤矿岗位培训计划之后,接下来的步骤就是将这一计划付诸实践。在实施智能化煤矿岗位培训计划的过程中,还必须依据智能化煤矿培训的阶段性目标和培训过程中的关键点,对智能化煤矿岗位培训过程进行控制,从而准确地掌握培训进程,以确保实现培训目标。

(四) 评估智能化煤矿岗位培训效果

在培训结束之后,还需要对培训效果进行评估。智能化煤矿岗位培训效果评估主要包括两个方面:

(1)组织层面的培训评估标准主要指对智能化煤矿培训课程的有效性和针对性、智能化煤矿培训的组织效果、师资授课水平等方面进行评估。这样的评估结果可以作为智能化煤矿企业培训部门考核的依据,同时也是对培训的组织与管理进行改进的基础。

(2)个体层面的培训评估主要针对受培训者对智能化煤矿培训知识、技能的掌握情况,对有关能力、态度的改进等方面进行评价,对智能化煤矿培训前后的工作表现进行对比。这样的智能化煤矿培训评估体系既可以改进和提高智能化煤矿培训工作,又可以与受训者的报酬待遇、升迁发展挂钩,以实现对受训者的有效激励。

上述四个环节形成了一个完整的智能化煤矿培训过程,环环相扣,首尾相接,构成一个智能化煤矿培训管理的循环(图8-4)。

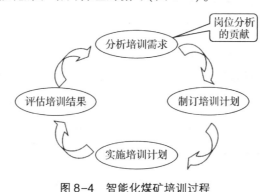

图8-4 智能化煤矿培训过程

二、智能化煤矿岗位分析与培训需求分析的关系

智能化煤矿岗位分析对培训的贡献与支持主要集中在对智能化煤矿培训需求的分析阶段。

(一)智能化煤矿培训需求分析

智能化煤矿培训需求分析,又叫"缺口分析"指在研究组织战略和目标的基础上,确定胜任各岗位所需具备的知识、技能、能力等综合素质,并对当前员工的实际素质进行考察,找出两者之间的差距,然后对缺口进行研究,以确认是否可以通过智能化培训和如何通过智能化培训解决问题。一般来说,对智能化培训需求的确定主要通过以下三个方面来完成:

(1)组织分析。组织分析建立在组织的战略和目标基础之上,从组织整体的角度进行分析,为了完成组织的战略与目标,需要各层各类的员工具备什么样的知识、技能与能力,从而形成组织的人力资源需求;然后将这样的需求与组织的人力资源状况相对比,找到差距。这样的差距可以通过两种方式加以解决:一种是从外部招聘,另一种则是对现有人员进行智能化培训。组织分析就是要在这两者之间做出选择。

(2)任职资格分析。任职资格分析即针对每一个具体的职位,通过分析其承担的工作职责、任务、工作标准、环境等因素,去推导任职者需要具备哪些知识、技能与能力,才能完成这一工作。

(3)人员分析。人员分析是建立在智能化煤矿岗位分析的基础之上,以岗位的任职资格要求为参照系,对任职者的知识、技能和能力进行评价,寻找差距,从而找到智能化培训的需求点。

(二)智能化煤矿岗位分析与培训需求分析之间的关系

(1)智能化煤矿岗位分析与组织分析。智能化煤矿岗位分析对于分析组织层面的培训需求的贡献是通过两个方面来实现的:一是帮助组织构建内部的人力资源信息系统,使组织能够准确地对人力资源现状进行度量;二是提供关于智能化煤矿工作的情景信息,包括关于岗位需要的智能化技术、工作流程、工作成本等方面所面临的问题,找到组织中可以进行改进的方面,从而为组织层面的培训需求的确定提供依据。

(2)智能化煤矿岗位分析与任职资格分析、人员分析。人员分析是建立在任职资格分析之上,将任职资格与任职者现状进行对比的过程,因此智能化煤矿岗位分析对人员分析的贡献主要体现在任职资格分析之中。

以智能化培训为导向的智能化煤矿岗位分析,对任职资格部分的要求体现在以下两个方面:

(1)注重任职资格的显性特征分析。根据素质的"冰山理论",任职资格体系主要包括两个部分:一是浮于水面之上的内容,包括知识、技能、认知过程、感知等方面。在工作岗位说明书中,这部分主要体现为岗位的知识要求、技能要求,以及素质要求中纯粹属于能力而无关个性的部分,如信息收集能力、观察能力、计划能力、组织能力等。另一部分则位于水面之下,主要包括自我观念、内在动机等,在工作说明书中体现为素质要求中个性特征部分,如责任心、外向性等。在这两部分之中,前者是较容易改变的,而后者则较为稳定,改变起来相当困难。智能化煤矿培训中的任职资格分析主要针对前者。

(2)需要对比培训的成本与收益。通过对智能化煤矿技术工程师的工作任务进行分析,可以得到这一岗位的任职要求,即负责设计、开发和运营智能化煤矿系统。他们的职责包括系统规划与设计、技术选型与采购、系统集成与部署、数据分析与优化、系统运行与维护、培训与支持、技术研究与创新以及安全管理与合规。这样,人力资源部就可以初步判断该岗位员工需要接受物联网、大数据分析、人工智能等培训。

第四节　智能化煤矿岗位分析在薪酬管理中的应用

当今社会,薪酬不仅是员工劳动获取的物质报酬,而且也是对其个人能力和成绩的肯定,更是对员工激励的集中体现。因此,薪酬的多寡和形式,对员工的工作积极性及队伍稳定性有着直接的影响。对每个组织而言,尤其是企业组织,薪酬体系的设计必须遵循一定的原则和流程,智能化煤矿岗位分析在其中发挥着重要的作用。同时岗位评估对于确定薪酬也起重要作用。岗位评估对组织确定薪资来说是一个比较基础性、科学性的依据,在薪酬管理中使用岗位评估有很多好处。

一、智能化煤矿企业的薪酬设计原则

智能化煤矿企业的薪酬体系设计一般需要遵循一定的基本原则,其基本原则如表8-3所示。其中,内部一致性是指企业的薪酬结构应该具有公平性、可比性,即通过岗位之间的横向比较和纵向比较,使每个员工的薪酬与其岗位本身的价值相一致。内部一致性的薪酬结构必须建立在科学的工作评价基础之上。

表8-3　智能化煤矿企业的薪酬体系设计原则

薪酬设计基本原则	内部一致性	薪酬结构要支持工作流程,要对所有员工公平,并使员工与组织间的目标一致
	外部竞争性	强调组织内部薪酬支付与外部组织的薪酬之间的关系
	激励性	对企业业绩、团队责任和个人能力进行激励
	经济性	劳动力价值平衡、利润合理积累和薪酬总额控制
	合法性	遵循企业制度和相关法律法规

二、智能化煤矿岗位分析与薪酬管理的关系

智能化煤矿企业的薪酬体系设计需要遵循一定的流程,图8-5是一个典

型的薪酬管理流程图,其中实线框表示各个步骤的名称,虚线框是对应各个步骤的主要活动。

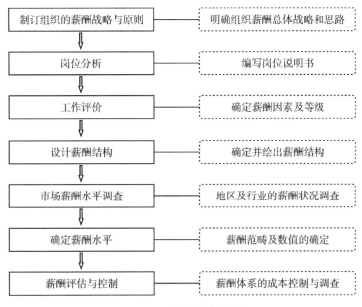

图 8-5　薪酬管理流程图

从图 8-4 可以看出,首先,薪酬管理从制订薪酬战略与原则开始。战略性的薪酬目标主要有:保持劳动力市场上的竞争性,维持工资在内部员工之间的公平性,控制薪资预算,达到激励员工的目的,融合员工未来的工作绩效与组织的目标等。其次,进行智能化煤矿岗位分析,在智能化煤矿岗位分析的基础上进行工作评价,对组织内部的各工作岗位进行等级或量值衡量,以确定各职位的相对价值。再次,根据智能化煤矿工作评价的结果将所有工作岗位划分出一定的工资等级,建立薪酬结构。接下来,要进行薪酬调查,大多数组织会通过正式或非正式的方式了解市场的薪酬水平,特别是与本组织有关的劳动力市场价格或与本组织进行竞争的人才类型的市场劳动力价格,也了解有关外部薪酬水平的信息。通过与市场同等劳动力价格的绝对值进行比较,将组织内的智能化煤矿工作岗位的相对价值用薪酬的绝对值水平表示,从而确定薪酬水平。最后,要对薪酬结构中的特殊岗位进行调整,以保持组织内薪酬的吸引力,合理控制成本。

从薪酬体系设计的整个过程来看,组织的薪酬设计必须建立在科学的工作评价的基础之上,而智能化煤矿工作评价的依据则来自岗位分析所形成的岗位说明书。因此以智能化煤矿岗位分析为基础的工作评价是薪酬设计的客观依据,也可以说,智能化煤矿岗位分析是薪酬体系设计的前提和基础。

三、智能化煤矿工作评价与薪酬管理的关系

从薪酬设计的原则和流程中可以看出,智能化煤矿工作评价是薪酬管理的一个重要基础。工作评价是指在智能化煤矿岗位分析的基础上,采用一定的方法对各岗位在组织中的责任大小、工作强度、工作复杂性、所需资格条件等特性进行评价,以确定岗位相对价值的过程。智能化煤矿工作评价的结果是形成工作岗位之间的相对价值,它反映了岗位对智能化煤矿企业贡献的相对比率,是员工薪酬等级评定和薪酬分配的依据。

具体而言,智能化煤矿工作评价在薪酬管理中具有以下重要意义:

(1)使员工感受到薪酬公平。这种公平不是薪酬之间没有差别,而是有差距的公平。这种差距不是凭空而定,而是以智能化煤矿岗位分析提供的岗位信息作为前提,让每个员工明白岗位之间的差距是怎么形成的。有了这层理解,差别化薪酬就会成为公平薪酬而被每个员工接受,从而为薪酬体系的设计和实施奠定基础。

(2)使员工实现其最大价值。通过智能化煤矿工作评价,员工可明确工作的哪些方面对组织战略和目标的实现帮助大、哪些方面帮助小,每个岗位设置的最大价值是什么,从而为员工日常的工作行为提供一个方向性的指导,从而使得员工可以把有限的时间和资源投放到岗位最大价值的方面。

(3)为薪酬体系的修订提供基础。薪酬体系制定之后并不是一成不变的,随着时间和环境的变化,组织的结构经常要做相应的调整来适应这些变化,这就不可避免地要对岗位做些增减,薪酬体系也要随之修订。建立在智能化煤矿工作评价基础上的薪酬体系修订起来也会容易一些,只要对岗位的关键付酬要素或分配权重作一些调整,就可以反映组织的价值取向;而对于新增加的岗位,则对它所需要的知识、技能、能力、环境等进行分析和评价,从而确定它在组织中存在的价值。

智能化煤矿工作评价需要借助一定的方法来完成,在人力资源管理的理论研究和实践中,有四种基本的工作评价方法,即排序法、分类法、因素比较

法、要素计点法。每种方法都各有利弊,但不论采用哪种方法对岗位进行价值评定,都离不开各岗位的具体信息,而所有这些信息都来自智能化煤矿岗位分析。

四、岗位评估在薪酬管理中的应用

岗位评估,也称职务评估,指通过系统比较的方法对企业中各种工作岗位的价值作出评定,确定工作的相对价值,并以此作为员工工资分配的依据。岗位评估是一个系统且客观地度量岗位的相对价值的级别评估方法,以平衡岗位在企业内部及外部市场的竞争力,能够帮助员工明确事业发展及晋升的方向。在薪酬管理中使用岗位评估有如下好处:

(1) 为解释薪酬差异提供了沟通的基础。

(2) 可维持工作满意度。

(3) 为薪酬比率的修订提供了灵活的调整手段,能迅速为新的工作岗位建立薪酬比率。

(4) 减少雇员薪酬系统的行政管理费用。

通过岗位评估企业能够构建合理的薪酬结构,主要包括以下几个步骤:组织分析详细的岗位说明书——岗位评估——形成岗位评估等级表——转化为与薪酬相关的等级结构。

国际化的岗位评估体系不仅采用统一的岗位评估标准,使不同公司之间、不同岗位之间在岗位等级确定方面具有可比性,而且在薪酬调查时也使用统一标准的岗位等级,从而为薪酬数据的分析比较提供了方便。岗位评估解决的是薪酬的内部公平性问题,它使员工相信每个岗位的薪酬反映了其对公司的贡献。而在企业中,员工的劳动报酬是否能够体现"多劳多得、少劳少得、不劳不得、劳有所得"的原则,是影响员工士气及积极性、主动性的一个重要因素。当员工按时且保质保量地完成本岗位的工作任务后,获得了相应的薪酬,心理就会得到一定的满足。如果薪酬不能较好地体现劳动差别,不能达到公平合理的要求,薪酬激励员工的重要功能就难以发挥。

第五节　智能化煤矿岗位分析在绩效管理中的应用

组织人力资源管理的核心在于如何提高员工的绩效水平,从而为组织的整体目标战略作出贡献。因此,绩效考核作为绩效管理的核心,在人力资源管理中具有关键性的地位。

一、智能化煤矿岗位分析对绩效考核的作用

智能化煤矿岗位分析在绩效考核中起到了基础性的作用。具体来说,表现在以下几个方面:

(一)智能化煤矿工作岗位说明书是绩效考核的指标来源

要想做好绩效考核,就必须首先做好绩效计划。在计划阶段,管理者与员工之间需要在绩效期望方面达成一致,员工对自己的工作目标作出承诺。这种承诺是基于工作职责而言的,因为工作职责是一个比较稳定的核心特征,表现的是员工所要从事工作的核心活动。而工作职责的来源是智能化煤矿工作岗位说明书或是基于智能化煤矿岗位分析基础上的相关资料。

(二)智能化煤矿工作关系决定绩效考核的参与主体

大多数人认为绩效考核由任职者的直接主管来做就行了,其实不然。不同的工作关系,需要有不同的考核主体参与,也就是说,工作关系决定了绩效考核的参与主体。有的工作关系只涉及组织内部,主管比较容易了解情况,从而可对任职者的工作绩效进行评价;有的工作性质是经常要与客户打交道,其工作关系比较复杂,所以对其任职者的工作绩效进行评价时,就需要考虑客户的意见,而不仅仅由主管人员对其进行评价。因此,岗位分析有利于确定绩效考核的参与主体。

(三)智能化煤矿工作特性决定绩效考核的方式

通过智能化煤矿岗位分析,不仅可以了解各岗位的工作职责,而且可以获得许多工作特性方面的信息。不同特性的岗位应采用不同的绩效考核方式。例如,对于智能化煤矿的技术工程师而言,主要以对最终结果的考核来代表其绩效的考核,而不必太追求对其过程细节的掌握和控制;对于基层操作工人,往

往需要一步一步地去考核,不仅要关注结果,也要关注过程中每一个环节的工作产出。

(四)智能化煤矿工作特性决定绩效考核的周期

工作特性不同,对任职者进行考核的周期也会有差异。例如,技术工程师,由于任务的特殊性、工作的复杂性,其考核周期一般要比基层操作工人长。所以,对于技术工程师,可以采取季度或者年度考核方式,而针对基层操作工人,可考虑采取月度考核方式。

(五)智能化煤矿岗位分析结果的细化程度会影响绩效考核的结果

在智能化煤矿岗位分析中,岗位分析结果的细化程度,对绩效评估的结果会产生一定的影响。对工作职责的界定有职责、任务、活动、具体流程等多个层次,智能化煤矿工作岗位说明书中对工作职责描述的详细程度不同,其为绩效考核标准所提供的依据就不同,如智能化煤矿技术工程师的工作职责有一条是"智能化煤矿系统规划与设计"。因为工作岗位说明书中只列明了职责,即表明了负责的内容,那么,与其相应的绩效考核标准就应是"及时制订智能化煤矿系统的整体规划和设计方案"。在某季度的考核任务中,由于本季度智能化煤矿系统只完成了硬件部分的整体规划,因此按照职责要求,即按工作业绩的直接结果来进行评估,技术工程师未能尽职。但如果在工作岗位说明书中将"智能化煤矿系统规划与设计"进一步细化为具体的工作活动,即"负责制定智能化煤矿系统的整体规划和设计方案,包括硬件设备、软件系统以及相关的通信网络",则绩效考核的结果就完全不同了。只要技术工程师高质量地完成相关工作任务,并努力保证工作的结果,就应该评价其工作达到了业绩考核的要求。

二、绩效考核指标的设计

绩效考核指标设计的关键在于如何为组织中的每个部门和岗位建立起具体、明确、可操作的考核指标。而考核指标的设计,目前主要存在着两种不同的模式:一种是传统的基于智能化煤矿岗位分析的考核指标体系;另一种则是基于战略分解的 KPI 考核指标体系。但是,这两种体系本身并非截然对立的,而是在最后的落脚点——"岗位"上进行交叉,并达成互补。

(一)基于智能化煤矿岗位分析的绩效考核指标设计

基于智能化煤矿岗位分析的绩效考核指标设计,是指考核指标来源于智能化煤矿岗位分析所获得的工作目的、任务和职责等方面的信息。采用这种模式提取考核指标,首先要对各岗位进行科学的分析,准确界定各岗位的工作目的与工作职责,然后根据每一项工作职责所要达成的目标,来提取针对每项职责的绩效标准。有时,在提取绩效标准时,还需要对工作职责做进一步的职责细分,然后再从每项细分的职责中分别提取绩效标准。经过这一步提取的绩效标准可能会很多,这就需要对这些绩效标准做进一步的筛选,并使其可操作化,从而形成该岗位的考核指标。如果这些指标还不足以全面地反映工作,则应补充一些来自上级、内外部客户甚至任职者本人对考核指标的意见和看法,形成最终的绩效指标(图8-6)。

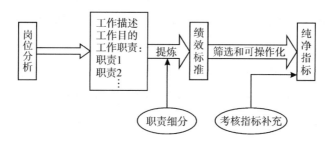

图8-6 基于智能化煤矿岗位分析的绩效考核指标设计

1.从工作职责中提取绩效标准

绩效标准有正向和反向两种类型。正向绩效标准的提取主要有两种方式:一种是直接以结果为导向,将职责所要达成的目标的完成情况作为绩效标准;另一种则是通过分析在职责完成的整个流程中存在哪些关键点,从这些关键点中找到对整个职责的完成效果影响最大、最为重要的关键点,以其作为绩效标准,这种方法必须建立在职责细分的基础上。前者适用于那些职责目标清晰、结果易于衡量的工作职责,后者则适用于职责目标难以界定、工作结果难以衡量或是不能完全为任职者本人所控制的情况。因此,这两种方法常常结合使用。

反向绩效标准则是在正向绩效标准不易提取或可操作性不强的情况下使用的。对反向标准的提取,应关注该项职责如果完成得不好,会表现在哪些方面？通常使用的反向绩效标准有差错率、失误率、事故率、次品率、时间延误、违纪次数、投诉次数(率)等。

绩效标准仅仅表示工作绩效评估的变量,而不是绩效评估的具体的、可以直接操作的指标,更不是绩效的衡量目标。因此,从绩效标准到考核指标之间,还需经过一个较为复杂的分析过程。

2.进一步筛选绩效标准

针对某一职位的各项职责所提取的绩效标准数量往往很多且控制点分散。为了能够引导任职者抓住工作中的关键业绩,将资源与努力集中在真正能够创造价值的方向上,必须对绩效标准进行进一步的筛选和提炼。初步得到的绩效标准一般是从十几个到几十个不等,应从这些指标中剔除那些不具关键性的指标、不具可衡量性的指标以及信息难以收集的指标,最后缩减为 6~8 个绩效标准。

3.考核指标的操作化

考核指标的操作化就是将筛选后的绩效标准转化为可衡量的具体绩效指标的过程。这个过程包括五个方面：

(1)考核指标的计算方式。根据考核指标的可衡量性,可将其分为硬指标和软指标两种。硬指标是指可以通过数学公式进行计算的指标,如煤炭产量、故障率与维修时间、用电与能耗效率等。衡量硬指标的关键是确定对其进行计算的数学公式。软指标是难以量化的指标,只能通过定性的方式进行评价,如事故发生的频率和严重程度、技术创新成果在实际生产中的应用程度等。这些指标需要对其进行具体的界定,然后以此为标准进行衡量。

(2)考核指标的信息来源。信息来源是指在对该指标进行考核时,需要依据哪些方面的信息来计算或作出判断。确定硬指标时,主要应从计算公式自变量的角度来考虑信息来源,如采煤机械化程度(%)的计算公式为"机械化采煤工作面产量合计(吨)/回采产量(吨)×100%",其中机械化采煤工作面产量和回采产量合计来自矿井的生产记录。软指标的确定则主要从考核者在作出决策时的信息支持者的角度来考虑,常来源于公司内外相关人员和专家的意见,如最终对技术工程师"技术创新成果在实际生产中的应用程度"指标进行评分,就需要在参考各个部门意见的基础上进行综合评价。

(3)确定指标的权重。每个职位一般都有一个以上的职责,这些职责对完成工作目标的贡献度是不一样的,因此从各个职责中提取的绩效指标在整个事件和活动中的重要程度也是不一样的,权重就是绩效指标在整个活动和事件中的重要程度,一般用百分比表示,如客户拜访完成率的权重为15%,因此所有指标的权重之和是1或100%。权重反映的是指标对整体业绩的贡献率,贡献大小和权重一般成正比关系,贡献越大、权重越高,反之则低。在确定绩效指标的权重时应该把握一点,即把那些可以量化和可控指标的权重定得相应高一些,而那些用定性化衡量的指标应该定得相对低一些。

(4)绩效指标的等级定义。等级是对不同业绩水平进行的分类,一般分为四或五个级别,如 S—优秀,A—良好,B—合格,C—需改进,D—不合格。而每个级别都有相应的业绩表现,也就是它的定义。例如,在硬指标中,我们可以把故障维修时间分为几个等级,规定 A:95%~100%,B:90%~95%,C:85%~90%,D:85%以下。而软指标的等级定义用的是一些评价性的语言,例如,在评价技术工程师系统设计完整性指标时,可以规定:S—系统完整性好,A—系统完整性较好,B—系统完整性一般,C—系统完整性较差,D—系统完整性差。

(5)绩效指标的操作细则表。绩效指标通过上述方法确定之后,就可以形成考核指标的操作细则。在考核指标的细则中,一般包括名称、定义、计算方法、等级定义、权重等。表8-4是一个绩效指标操作细则表的示例。

表8-4 绩效指标操作细则表

指标名称	事故发生的频率				
指标定义	一个企业在一个相当时期内(每月、季、年),平均每1,000名职工的工伤人次数				
计算公式	事故频率=工伤事故次数/平均在册职工数×1,000				
指标权重	8%				
被考核者	生产部门经理				
数据来源	生产档案				
等级定义(%)	S	A	B	C	D
	0~0.15	0.16~0.25	0.26~0.35	0.36~0.45	0.46~0.55

(二) 基于战略分解的 KPI 考核指标设计

1.KPI 的含义与特点

基于智能化煤矿岗位分析的考核指标体系是一种传统的考核方法。随着企业管理的发展,越来越多的企业开始认识到战略的实施与传递对企业成功的关键作用。因此,一种新的考核指标体系——关键绩效指标(KPI)应运而生,且越来越受到智能化煤矿企业的重视。所谓关键绩效指标,是指智能化煤矿企业宏观战略目标决策经过层层分解产生的可操作性的战术目标,是宏观战略决策执行效果的检测指针。KPI 是衡量企业战略实施效果的关键指标,其目的是建立一种机制,将企业战略转化为内部过程和活动,以不断增强企业的核心竞争力,持续取得高效益。相对于传统的基于智能化煤矿岗位分析的考核体系,KPI 具有以下几个特点:

(1)战略导向性。KPI 的设计来源于组织战略和目标的分解,其目的是为组织战略服务。有了它,组织的战略传递和落实就会得以实现。

(2)关键性。KPI 关注的是对实现战略有贡献的指标,所以其方法是基于"2/8"原则(20%的内容创造 80%的价值)展开的,这 20%的关键行为就是 KPI 所关注的。由于这种关注集中在业绩的关键点上,所以越是基层的职位,其 KPI 就越少,有的职位可能就只有 1~2 个 KPI。

(3)可量化。KPI 更加强调指标的定量化以及可操作性。如果这些关键的指标不能被量化或者可操作性差,那么它的重要性就要大打折扣了。

2.KPI 体系与智能化煤矿岗位分析的关系

以智能化煤矿岗位分析为基础的传统绩效指标体系与以战略分解为基础的 KPI 指标体系,虽然是两种不同的考核指标设计思路,但是,它们之间并非完全对立,而是相互支持、相互补充,并在岗位层面的考核指标中相互交叉的。

(1)中高层岗位的绩效指标体系。在这个层面的岗位主要采用以 KPI 为主的绩效考核体系。由于企业内部的中高层岗位往往直接领导公司的某一领域或部门,因此,对这些岗位来说,可以直接将公司级 KPI 与部门级 KPI 转化为该岗位的 KPI。这样有利于强化部门经理的决策权威,提高直线指挥系统的效率。同时,由于高层岗位负责领域宽广,直接通过 KPI 便能抓住其主要的业绩,往往不再需要依靠岗位分析来进行考核指标的补充。

(2)基层岗位的绩效考核体系。这个层面的岗位主要采用 KPI、智能化煤矿岗位分析和临时任务三者相结合的考核体系。基层岗位的负责领域较为狭窄,与组织战略的关系较为疏远,因此,每个岗位往往只能分解到 1~2 个 KPI,有的岗位甚至没有 KPI。这样,仅仅通过 KPI 来进行考核,就只能考察到员工工作业绩的一小部分。所以,需要通过智能化煤矿岗位分析对 KPI 指标进行补充。此外,对于很多基层岗位而言,基于战略的 KPI,其内容往往已经包含于岗位分析所得到的考核指标之中。KPI 的意义则在于,从岗位分析所得到的考核指标中,找到与组织的战略密切相关的部分,并加以定量化的指标设计,从而引导任职者更为有效地进行集中的资源配置,提高工作效率。因此,对于基层岗位的考核指标设计,往往是先通过战略分解得到岗位的 KPI。然后,再从岗位分析中找到 KPI 所忽略和遗漏的部分,进行考核指标的补充。此外,对于很多基层岗位,还存在较多的临时任务,这部分内容也必须形成考核指标,纳入该岗位的考核体系中。这样,基层岗位就形成了 KPI、智能化煤矿岗位分析和临时任务三位一体的考核指标体系。

第六节　智能化煤矿工作岗位的任职资格

任职资格也称岗位规范或工作规范,是岗位任职者胜任本岗位工作需要具备的最低要求而不是最佳条件或理想条件。岗位任职条件根据岗位性质和任务的不同,描述的方式和详细程度也有所区别,大体上可以分为两大类:

(1)显性条件。显性条件是指可以衡量或可以通过档案资料证明的条件。例如,身高、体重、跑跳能力、爆发力、力量、忍耐力以及身体健康状况,这些条件都可以通过医学检查和测量获得。此外,还包括受教育程度、外语水平、专业知识水平、工作经验等,这些条件可以通过档案记载或专业考试等方式获得。

(2)隐性条件。隐性条件是对岗位任职者所需要的心理素质、职业道德品质和相关能力方面的要求。这些条件难以衡量,一般以定性语言进行描述。其中心理素质包括:任职者的个性与性格、感觉与知觉能力、思维能力和语言表达能力等;职业道德包括社会公德和职业伦理;对相关能力的要求则更加广泛。

智能化煤矿工作岗位的任职资格可以根据具体的岗位要求而有所不同。以下是一些智能化煤矿工作岗位可能需要的常见任职资格示例:

(1)学历要求。智能化煤矿工作岗位要求至少本科学历,其中,工程、计算机科学、自动化、电气工程等专业可能会有优势。

(2)技术知识和技能。根据具体的岗位要求,智能化煤矿的工作可能需要一定的技术知识和技能,如自动化控制系统、数据分析与处理、安全系统管理、环境监测与管理、矿井通风等。

(3)工作经验。对于一些高级岗位或特定领域的工作岗位,可能需要具备相关的工作经验,以熟悉煤矿工作流程和技术要求。

(4)认证资质。某些智能化煤矿工作岗位可能要求持有相关的认证资质,如工程师资格证、安全管理证书等。

(5)沟通与团队合作能力。智能化煤矿工作通常需要良好的沟通和团队合作能力,从而与其他团队成员、管理层以及煤矿工作人员进行有效的合作和协调。

(6)解决问题和决策能力。智能化煤矿工作可能会面临各种问题和挑战,需要具备解决问题和做出决策的能力,以确保工作的顺利进行。

(7)安全意识和责任感。智能化煤矿工作涉及矿工的安全和健康,需要具备严谨的安全意识和责任感。

以上是智能化煤矿工作岗位的一些常见任职资格示例,具体的任职要求会根据不同的煤矿和职位需求而有所不同。求职者应仔细阅读和理解招聘信息,确保自己满足相应的任职资格。

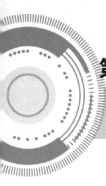

第九章 智能化煤矿工作岗位说明书

第一节 智能化煤矿管理层岗位说明书

公司管理层分工明确,本节以党委书记、总经理、生产副总经理、安全副总经理、总工程师为例,对管理层岗位说明书编制进行说明。

一、党委书记岗位说明书(G-02)

一、基本信息			
岗位名称	**党委书记**	岗位编码	**G-02**
直接上级		岗位类别	**管理岗**
直接下级	**党委副书记**	岗位级别	
二、岗位职责			
负责企业内的思想政治工作,加强党的政治建设和组织建设			
三、工作内容			
负责主持党委的管理工作;			
负责组织决议的贯彻和检查决议的执行情况;			
搞好领导班子的建设和团结,抓好党的建设和思想政治工作;			
支持生产行政指挥系统,充分行使职权;			
深入群众,搞好调查,抓好典型,总结推广好经验			
四、主要绩效考核指标			
收入增长、利润增长、市场份额等经营业绩,风险控制、危机应对等风险管理业绩,战略制定、战略执行的表现,团队建设、人才培养等组织管理表现			

续表

五、工作权限	
发现培养公司优秀员工加入党组织； 定期组织党员召开民主生活会； 随时宣传贯彻执行党的方针政策； 调查审核入党积极分子的入党条件	

六、工作协作关系	
内部联系	与公司其他高管人员及公司党委各级管理人员保持沟通协调
外部联系	政府相关部门、集团公司有关部门

七、任职资格要求		
最匹配的学历		本科及以上学历
最匹配的专业		政治、管理类等专业
职业资格		安全资格证书
最匹配的职称		副总师及以上
工作经验		10年以上工作经验，从事相关工作5年以上
专业知识		精通公司管理知识，熟悉公司基本规章制度和流程、组织结构，熟练掌握公司管理的相关技能
综合素质		具有较强的执行能力，能承受较大的工作压力，根据实际情况，采取有效措施，完成各项工作任务； 具有较强的沟通协调能力； 具有较强的分析归纳能力，定期对工作完成情况进行总结分析
辅助技能	英语	具有一定的英语听、说、读、写能力
	计算机	能熟练操作计算机，熟练使用办公软件； 能熟练使用智慧化办公系统
	文字处理	具有良好的文案制定和写作能力
	其他	具有良好的沟通能力、紧急事件处理能力、会议组织能力
年龄		35岁以上
性别		不限
身体状况		身体健康； 无岗位职业禁忌证

续表

八、岗位晋升通道		
岗位晋升	可晋升岗位	
	可轮换岗位	
九、工作条件		
	工作场所	室内办公,井下现场
	工作时间	正常工作时间,偶尔加班,偶尔出差
	工作设备	计算机、一般办公设备(打印机、传真、电话、复印机)、通信设备
	工作环境	地面空调、自然照明、无粉尘及危险性,煤场、井下有噪声、粉尘

二、总经理岗位说明书(G-03)

一、基本信息			
岗位名称	**总经理**	岗位编码	G-03
直接上级		岗位类别	**管理岗**
直接下级	**副总经理**	岗位级别	
二、岗位职责			
全面负责公司生产经营等各项管理活动,提升煤矿可持续发展能力			
三、工作内容			
制定和实施公司总体战略与年度经营计划;			
建立和健全公司的管理体系与组织结构,建设高效的组织团队;			
主持公司的日常经营管理工作,实现公司经营管理目标和发展目标			
四、主要绩效考核指标			
收入增长、利润增长、市场份额等经营业绩,风险控制、危机应对等风险管理业绩,战略制定、战略执行的表现,团队建设、人才培养等组织管理表现			
五、工作权限			
拥有对公司安全生产制度和流程制定和完善的审批权;			
拥有对公司生产、安全,年、季、月度工作计划的审批权;			
拥有对生产、安全管理的决策权,对安全生产督导权;			
拥有对安全生产的考核权和员工绩效考核权;			
拥有对公司员工的聘用、调岗、解聘的批准权;			

续表

拥有对公司各级管理人员任职、免职、提拔的建议权	
六、工作协作关系	
内部联系	与公司高管层及公司各级管理人员保持沟通协调
外部联系	政府相关部门、集团公司有关部门
七、任职资格要求	
最匹配的学历	本科及以上学历
最匹配的专业	煤矿机电、采矿、安全、电气、测量等专业
职业资格	安全资格证书
最匹配的职称	副总师及以上
工作经验	10年以上工作经验,从事相关工作5年以上
专业知识	精通公司管理知识,熟悉公司基本规章制度和流程、组织结构,熟练掌握公司管理的相关技能
综合素质	具有较强的执行能力,能承受较大的工作压力,根据实际情况采取有效措施,完成各项工作任务; 具有较强的沟通协调能力; 具有较强的分析归纳能力,定期对工作完成情况进行总结分析

辅助技能	英语	具有一定的英语听、说、读、写能力
	计算机	能熟练操作计算机,熟练使用办公软件; 能熟练使用智慧化办公系统
	文字处理	具有良好的文案制定和写作能力
	其他	具有良好的沟通能力、紧急事件处理能力、会议组织能力

年龄	35岁以上	
性别	不限	
身体状况	身体健康; 无岗位职业禁忌证	
八、岗位晋升通道		
岗位晋升	可晋升岗位	
	可轮换岗位	
九、工作条件		
工作场所	室内办公,井下现场	

续表

工作时间	正常工作时间,偶尔加班,偶尔出差
工作设备	计算机、一般办公设备(打印机、传真、电话、复印机)、通信设备
工作环境	地面空调、自然照明、无粉尘及危险性,煤场、井下有噪声、粉尘

三、生产副总经理岗位说明书(G-09)

一、基本信息			
岗位名称	**生产副总经理**	岗位编码	**G-09**
直接上级	**总经理**	岗位类别	**管理岗**
直接下级	**分管部门正职**	岗位级别	**副总师**
二、岗位职责			
负责公司生产组织管理工作,确保各项生产经营任务的顺利完成			
三、工作内容			
在总经理直接领导下,制定公司生产、安全目标,政策及操作方法,审核公司各类生产管理规章制度;			
组织编制公司生产计划并负责生产目标分解,定期召开生产计划会议,审核公司生产计划完成情况;			
按照生产计划安排,监督、指导公司煤炭生产管理;			
参与煤炭开采过程中的技术、工艺管理以及新技术工艺的推广与可行性评价工作;参与制定产品质量标准,保证公司产品结构最优;			
参与公司采掘、开拓、通风、运输等生产类设备的管理工作以及新增设备的选型等相关工作;			
负责制定、完善与审核分管部门的规章制度与工作流程,监督、管理、指导分管部门下属岗位员工的工作,提升分管部门人力资本质量			
四、主要绩效考核指标			
生产计划完成率、成本控制、生产质量、生产安全、技术创新与改进、团队建设与人才培养、环保可持续发展			
五、工作权限			
拥有对公司安全生产制度和流程的制定、完善和监督的建议权和执行权;			
拥有对公司生产年、季、月度工作计划的建议、执行权;			
对公司生产、安全重大问题的建议权,对公司安全生产的检查权;			

续表

对公司生产管理人员绩效的考核权；

对公司生产管理人员的聘用、调岗、解聘的建议权和执行权；

对公司生产管理人员的管理、工作培训、督导权

六、工作协作关系	
内部联系	与公司高管层及公司各级管理人员保持沟通协调
外部联系	政府相关部门、集团公司有关部门

七、任职资格要求		
最匹配的学历		本科及以上学历
最匹配的专业		煤矿机电、采矿、安全、电气、测量等专业
职业资格		安全资格证书
最匹配的职称		中级职称及以上
工作经验		10年以上工作经验，从事相关工作5年以上
专业知识		精通公司管理知识，熟悉公司基本规章制度和流程、组织结构，熟练掌握公司管理的相关技能
综合素质		具有较强的执行能力，能承受较大的工作压力，根据实际情况采取有效措施，完成各项工作任务； 具有较强的沟通协调能力； 具有较强的分析归纳能力，定期对工作完成情况进行总结分析
辅助技能	英语	具有一定的英语听、说、读、写能力
	计算机	能熟练操作计算机，熟练使用办公软件； 能熟练使用智慧化办公系统
	文字处理	具有良好的文案制定和写作能力
	其他	具有良好的沟通能力、紧急事件处理能力、会议组织能力
年龄		35岁以上
性别		不限
身体状况		身体健康； 无岗位职业禁忌证

八、岗位晋升通道		
岗位晋升	可晋升岗位	总经理
	可轮换岗位	副总经理级岗位

续表

九、工作条件	
工作场所	室内办公,井下现场
工作时间	正常工作时间,偶尔加班,偶尔出差
工作设备	计算机、一般办公设备(打印机、传真、电话、复印机)、通信设备
工作环境	地面空调、自然照明、无粉尘及危险性,煤场、井下有噪声、粉尘

四、安全副总经理岗位说明书(G-13)

一、基本信息			
岗位名称	安全副总经理	岗位编码	G-13
直接上级	总经理	岗位类别	管理岗
直接下级	分管部门正职	岗位级别	副总师

二、岗位职责
负责公司安全管理工作,确保安全目标任务的顺利完成

三、工作内容
组织贯彻执行上级的安全生产方针以及行业安全政策、法律法规并监督检查落实;
组织制定公司年度和长远安全规划,组织拟定公司安全管理规章制度;
参与工程设计审查,新技术、新设备鉴定,以及新建、改建、扩建工程和新采区、工作面投产验收;
组织人员监督、检查安全生产制度的贯彻、落实情况,负责组织并督促、检查对安全生产事故的追查、分析、处理工作;
在总经理领导下,负责安全生产费用的分配落实工作,监督检查安全生产费用的使用与提取情况;
负责培养煤矿安全管理人员,建设安全管理与监控队伍,积极培育煤矿安全文化

四、主要绩效考核指标
安全生产管理制度建设与执行情况,安全生产事故率与事故处理能力,安全隐患排查与整改情况,安全教育培训,安全管理体系建设与运行,特种作业与重大危险源管理,安全绩效考核与奖惩机制

五、工作权限
拥有对公司安全生产制度和流程的制定、完善和监督执行权;

续表

拥有对公司生产、安全,年、季、月度工作计划的建议、执行权;
对生产、安全决策的建议权,对安全生产的检查权;
对安全生产的考核权和本部门员工绩效的考核权;
对本部门员工的聘用、调岗、解聘的建议权和执行权;
对安全生产人员的管理、工作培训、督导权

六、工作协作关系	
内部联系	与公司高管层及公司各级管理人员保持沟通协调
外部联系	政府相关部门、集团公司有关部门
七、任职资格要求	
最匹配的学历	本科及以上学历
最匹配的专业	煤矿机电、采矿、安全、电气、测量等专业
职业资格	安全资格证书
最匹配的职称	中级职称及以上
工作经验	10年以上工作经验,从事相关工作5年以上
专业知识	精通公司管理知识,熟悉公司基本规章制度和流程、组织结构,熟练掌握公司管理的相关技能
综合素质	具有较强的执行能力,能承受较大的工作压力,根据实际情况,采取有效措施,完成各项工作任务; 具有较强的沟通协调能力; 具有较强的分析归纳能力,定期对工作完成情况进行总结分析

辅助技能	英语	具有一定的英语听、说、读、写能力
	计算机	能熟练操作计算机,熟练使用办公软件; 能熟练使用智慧化办公系统
	文字处理	具有良好的文案制定和写作能力
	其他	具有良好的沟通能力、紧急事件处理能力、会议组织能力
年龄		35岁以上
性别		不限
身体状况		身体健康; 无岗位职业禁忌证

续表

八、岗位晋升通道		
岗位晋升	可晋升岗位	总经理
	可轮换岗位	副总经理级岗位
九、工作条件		
工作场所	室内办公,井下现场	
工作时间	正常工作时间,偶尔加班,偶尔出差	
工作设备	计算机、一般办公设备(打印机、传真、电话、复印机)、通信设备	
工作环境	地面空调、自然照明、无粉尘及危险性,煤场、井下有噪声、粉尘	

五、总工程师岗位说明书(G-14)

一、基本信息			
岗位名称	**总工程师**	岗位编码	**G-14**
直接上级	**总经理**	岗位类别	**管理岗**
直接下级	**副总工程师**	岗位级别	**副总师**
二、岗位职责			
负责公司新工艺与新技术的开发与研究工作,参与解决公司生产和技术方面的重大疑难问题			
三、工作内容			
参与公司发展目标规划的制定和公司年度生产经营管理计划制定,参与煤矿年度指标分解工作;			
组织研究公司生产工艺特征,制定公司技术发展规划,负责制定公司生产技术工艺方案以及确定技术工艺路线;			
根据集团技术发展规划与煤矿技术发展规划,组织生产需要提出的技术工艺开发立项,组织人员进行技术项目的可行性论证,撰写可行性报告提交煤矿领导层决策;			
指定负责人实施开发项目,指导、监督、审核项目负责人的工作;			
组织项目验收小组对技术项目的验收工作;			
协助生产、机电副总经理审核、确定煤矿各类设备购买前期的技术指标以及设备选型工作;			
协助生产与机电副总经理开展全公司设备的维修检查计划安排与督促检查工作;			
组织制定煤矿环保工作方案与工作计划,定期检查煤矿环保计划与相应指标的落实情况;			
负责煤矿技术人员的队伍建设,提升煤矿技术管理与技术开发水平			

续表

四、主要绩效考核指标	
\multicolumn{2}{l}{技术方案的可行性;技术规划的有效性;环保指标的完成情况;技术团队的稳定性;新技术的推广及应用情况}	

五、工作权限	
\multicolumn{2}{l}{拥有分管部门员工的聘任、解聘建议权;}	
\multicolumn{2}{l}{拥有日常生产技术方案的审批权;}	
\multicolumn{2}{l}{拥有分管工作的考核奖惩权;}	
\multicolumn{2}{l}{拥有规定的技术措施经费使用权;}	
\multicolumn{2}{l}{有权及时制止违反安全生产制度和安全技术规程的行为,遇有危及安全生产的紧急情况,有权令其停止作业}	

六、工作协作关系	
内部联系	与公司高管层及公司各级管理人员保持沟通协调
外部联系	政府相关部门、集团公司有关部门

七、任职资格要求		
最匹配的学历	\multicolumn{2}{l}{本科及以上学历}	
最匹配的专业	\multicolumn{2}{l}{煤矿机电、采矿、安全、电气、测量等专业}	
职业资格	\multicolumn{2}{l}{安全资格证书}	
最匹配的职称	\multicolumn{2}{l}{中级职称及以上}	
工作经验	\multicolumn{2}{l}{10年以上工作经验,从事相关工作5年以上}	
专业知识	\multicolumn{2}{l}{精通公司管理知识,熟悉公司基本规章制度和流程、组织结构,熟练掌握公司管理相关技能}	
综合素质	\multicolumn{2}{l}{具有较强的执行能力,能承受较大的工作压力,根据实际情况,采取有效措施,完成各项工作任务; 具有较强的沟通协调能力; 具有较强的分析归纳能力,定期对工作完成情况进行总结分析}	
辅助技能	英语	具有一定的英语听、说、读、写能力
	计算机	能熟练操作计算机,熟练使用办公软件; 能熟练使用智慧化办公系统
	文字处理	具有良好的文案制定和写作能力
	其他	具有良好的沟通能力、紧急事件处理能力、会议组织能力

续表

年龄	35 岁以上
性别	不限
身体状况	身体健康； 无岗位职业禁忌证
八、岗位晋升通道			
岗位晋升	可晋升岗位	总经理
	可轮换岗位	副总经理级岗位
九、工作条件	
工作场所	室内办公，井下现场
工作时间	正常工作时间，偶尔加班，偶尔出差
工作设备	计算机、一般办公设备(打印机、传真、电话、复印机)、通信设备
工作环境	地面空调、自然照明、无粉尘及危险性，煤场、井下有噪声、粉尘

第二节 智能化煤矿基层单位岗位说明书

公司基层单位较多，本节以综采工区为例，对基层单位岗位说明书编制进行说明。

综采工区（节选）

部门名称	综采工区	部门编码	JC-01-ZC1
部门概述	本部门负责煤矿的综合机械化采煤作业，包括负责采煤机的操作、调整和维护，对工作面进行布置、调整和维护，制定并执行安全操作规程，监测和评估采煤过程中的安全风险，及时采取预防措施。综采部门是煤矿生产中的核心部门之一，其工作直接关系到煤矿的生产效率和安全水平，并通过不断优化采煤工艺和提高工作效率，为煤矿的可持续发展作出了重要贡献			
部门职责	根据党和国家的安全生产方针、法律法规和公司各项安全生产规章制度组织本部门综合机械化采煤作业的安全生产管理； 负责组织本部门生产管理，按时完成公司下达的年度、月度安全生产任务； 负责组织每天安全隐患的排查，参加公司组织的各类隐患排查和安全检查，对排查出的隐患及时进行落实整改；			

续表

部门职责	对综采工区全体职工的安全生产进行监督和指挥； 负责组织本部门安全质量标准化达标工作； 对综采工区全体职工进行职业培训和技能学习
组织结构图	党支部书记　区长 生产副区长　机电副区长　技术副区长　跟班副区长 采煤技术员　机电技术员　检修班组长　生产班组长

一、综采工区区长岗位说明书(JC01-01)

一、岗位基本情况			
岗位名称	区长	岗位编码	JC01-01
所在部门	综采一工区	岗位类别	管理岗
直接上级	副总经理、副总工	岗位级别	正科级
直接下级	副区长	定员人数	1人
二、岗位设置目的			
根据《安全生产法》等法律、法规、制度、规定等要求，对本工区安全生产等工作全面负责； 通过督导、落实本工区的安全生产制度，实现本工区生产、安全等任务的完成			
三、岗位职责			
贯彻执行党和国家的安全生产方针、法律法规，及时传达上级的各项安全指令及会议精神，执行公司各项安全生产规章制度； 负责本工区安全生产管理，是本队安全生产的第一责任者，全面负责本队管辖范围内的现场安全管理工作； 负责组织本工区生产组织管理，按时完成公司下达的年度、月度安全生产任务； 负责组织每天安全隐患的排查，参加公司组织的各类隐患排查和安全检查，对排查出的隐患及时进行落实整改； 负责组织本队安全质量标准化达标工作； 完成领导交办的其他任务			

续表

四、岗位主要权限
对本工区全体职工有安全生产制度的制定、实施、执行管理权;
对综采工区职工的安全生产有监督和指挥权;
对综采工区员工的培训和技能学习有监督与考核权;
对综采工区职工的工作有临时分派权

五、工作内容
每天按时参加调度会,并积极参加公司的各项安全生产会议,服从公司的生产安排;
健全完善综采工区的安全生产等管理制度和各岗位安全生产责任制,并监督贯彻执行;
参加班前会,对生产安全等工作进行安排部署;
深入井下现场,进行现场指挥和安全生产监督;
抓好本队作业规程和安全技术措施的贯彻落实;
负责组织限期处理上级单位、有关部室及领导指出的各项隐患,处理不了的要及时向有关单位和领导反映;
负责对综采工区职工安全教育和技术培训情况进行监督、检查

六、主要绩效考核指标
本工区安全生产情况;
综合素质;
生产任务落实情况;
参加调度会的出勤记录;
工作安排情况;
各项安全生产管理制度落实情况;
员工培训和考核情况;
入井考核记录

七、主要工作联系		
联系类别	沟通部门/岗位	沟通内容/结果
公司内部	公司各部室	工作汇报,沟通,执行
公司外部	设备厂家	工作联系

八、任职资格要求			
最匹配的学历	专科及以上	最匹配的专业	采矿、机电等专业
职业资格	安全资格证		

续表

专业知识	熟知综采及有关管理、安全质量标准管理、劳动组织、工资管理知识;具有计算机操作能力、一定的文书写作能力;具有一定的管理能力和熟练的沟通技能,有较强的领导能力
所需能力	很强的组织和团队建设能力,能较好地组建团队、带领部属完成部门所承担的任务、项目; 很强的计划管理能力,能高效地对所在部门所承担的职能、任务进行分解,做出计划并使之落实; 较强的沟通协调能力,能有效处理队内外部的人员关系,使工作按既定的目标进行
工作经验	5年以上工作经验,从事相关工作3年以上
年龄	28岁以上
性别	男
身体状况	身体健康; 无岗位职业禁忌证
九、内部晋升通道	
可晋升岗位	生产口副处级
可转换岗位	生产口其他同级岗位
十、工作环境	
工作时间	正常工作时间
工作地点	办公室、生产现场

二、综采工区党支部书记岗位说明书(JC01-02)

一、岗位基本情况			
岗位名称	党支部书记	岗位编码	JC01-02
所在部门	综采一工区	岗位类别	管理岗
直接上级	公司党委副书记	岗位级别	正科级
直接下级	副区长	定员人数	1人
二、岗位设置目的			
按照党的章程和煤矿相关法规,宣传和贯彻执行党的路线、方针、政策以及上级党组织和			

续表

支部党员大会的决议,抓好党组织的相关工作,组织党员认真学习政治理论、政策法规,做好职工的安全宣传教育,协同区长搞好安全生产工作	
三、岗位职责	
负责抓好全工区安全的宣传教育工作,认真做好职工的安全思想教育和职工培训;	
负责全工区的党建工作,落实发展党员,收缴党费等工作;	
负责本工区职工的安全思想教育工作,提高职工安全生产、正规操作的能力及素质,增强职工的自主安保意识;	
及时了解、掌握职工安全思想动态,确保职工思想稳定;	
协助区长抓好本工区的安全生产管理工作,区长有事外出时,全面负责管理;	
完成领导交办的其他任务	
四、岗位主要权限	
考核党员、发展新党员权;	
对本区党支部、工会、团组织有领导指挥权;	
对本区人员进行监督、指导、奖惩;	
对党员有收缴党费权	
五、工作内容	
充分发挥党员在岗位上的模范带头作用,带领全体干部职工全力以赴搞好安全生产,完成本工区的各项任务;	
了解掌握职工的思想、工作和学习情况,发现问题及时解决,做好经常性的思想政治工作;	
加强对工会、团支部的领导,检查督促本工区群安员和青安员的工作,发挥职工群众的安全监督作用;	
深入工作现场,杜绝违章指挥、违章作业;	
深化安全文化建设,维护队伍稳定;	
抓好本工区特殊工种的培训、复训工作,保证特殊工种人员持证上岗;	
抓好安全意识淡薄人员及"三违"人员的教育及帮教工作,规范职工安全行为	
六、主要绩效考核指标	
本队安全生产任务和党政工作的完成情况;	
各项文件和制度学习签字和落实情况;	
各项活动记录和台账是否及时、规范;	
职工内部纠纷处理满意度	

续表

七、主要工作联系		
联系类别	沟通部门/岗位	沟通内容/结果
公司内部	公司各部室	工作汇报,沟通,执行
公司外部	无	无
八、任职资格要求			
最匹配的学历	专科及以上	最匹配的专业	采矿、机电等专业
职业资格	安全资格证书		
专业知识	熟悉党务建设与管理知识; 熟悉煤矿安全管理各项制度及采掘方面相关知识; 熟悉党建各方面的相关流程		
所需能力	具有较强的执行能力,能承受较大的工作压力,根据实际情况,采取有效措施,完成各项工作任务; 具有较强的沟通协调能力,与基层单位和业务部门联系,就工作中出现的问题提出改进方法; 具有较强的思想教育能力,能够发现员工思想波动,及时进行安全思想教育,确保职工思想稳定		
工作经验	5年以上工作经验,3年以上党龄		
年龄	28岁以上		
性别	男		
身体状况	身体健康; 无岗位职业禁忌证		
九、内部晋升通道			
可晋升岗位	政工或生产口副处		
可转换岗位	政工或生产口其他同级岗位		
十、工作环境			
工作时间	正常工作时间		
工作地点	办公室、生产现场		

三、综采工区生产副区长岗位说明书(JC01-03)

一、岗位基本情况			
岗位名称	生产副区长	岗位编码	JC01-03
所在部门	综采一工区	岗位类别	管理岗
直接上级	区长、书记	岗位级别	副科级
直接下级	**班组长**	定员人数	1人
二、岗位设置目的			
根据公司相关管理制度,协助区长抓好本工区安全生产和质量标准化工作,贯彻执行本工区作业规程、操作规程、安全技术措施,保证本工区的安全生产			
三、岗位职责			
在区长的领导下,对本工区生产现场的管理工作负直接管理责任; 负责跟班期间本工区现场安全管理工作; 负责本工区每月员工绩效考核; 完成领导交办的其他任务			
四、岗位主要权限			
对各班组职工的安全生产有监督和指挥权; 对本队全体职工制定、实施、执行安全和生产制度权; 有参与本队各类事故的追查、处理权; 拥有对本队职工工作的临时分派权			
五、工作内容			
了解井下设备的运行情况,监督隐患整改; 经常深入现场,解决现场出现的问题,监督检查规程、措施的实施情况,完成规定的现场安全检查任务; 重点抓好综采面工程质量、顶板等的管理工作; 依照多劳多得、公平原则,按时完成班组绩效考核工作; 完成直接上级领导交办的其他工作			
六、主要绩效考核指标			
安全状况; 解决安全、设备问题情况;			

续表

工作态度；		
责任心		
七、主要工作联系		
联系类别	沟通部门/岗位	沟通内容/结果
公司内部	公司各部室	工作汇报,沟通,执行
公司外部	无	无
八、任职资格要求		
最匹配的学历	专科及以上	最匹配的专业	矿山采煤、掘进、机电等专业
职业资格	安全资格证书		
专业知识	具备综采方面的知识；熟知公司及本单位的各项规章制度；熟悉综采工区各岗位的操作流程；具备一定的组织、沟通、协调能力		
所需能力	具有较强的沟通协调能力,与基层单位和业务部门联系,就工作中出现的问题提出改进方法		
工作经验	3年以上工作经验,从事相关工作2年以上		
年龄	25岁以上		
性别	男		
身体状况	身体健康；无岗位职业禁忌证		
九、内部晋升通道		
可晋升岗位	区长、书记	
可转换岗位	政工或生产口其他同级岗位	
十、工作环境		
工作时间	正常工作时间	
工作地点	办公室、生产现场	

四、综采工区采煤技术员岗位说明书(JC01-07)

一、岗位基本情况			
岗位名称	采煤技术员	岗位编码	JC01-07
所在部门	综采一工区	岗位类别	管理岗
直接上级	副区长	岗位级别	科员
直接下级	无	定员人数	
二、岗位设置目的			
根据公司相关管理制度,落实采煤日常安全生产技术及现场管理工作,规范现场人员操作,促进本工区安全生产的健康发展			
三、岗位职责			
负责采煤日常生产技术现场管理工作; 协助区长做好本部门其他日常技术管理工作; 完成领导交办的其他任务			
四、岗位主要权限			
对本工区工作有安全技术管理建议权; 对采煤现场违反规程、措施施工,具有监督检查、命令整改权			
五、工作内容			
在区长的领导下,对采煤安全技术管理工作负现场直接管理责任; 参与公司组织的各类安全活动和现场安全大检查,完成规定的井下现场安全检查任务; 编制安全作业规程、措施,落实审批、学习、贯彻、实施等工作; 深入现场,掌握生产回采及地质情况,指导检查规程措施的落实情况,及时解决和汇报现场安全技术问题; 负责综采工作面技术资料的整理和存档工作; 督促搞好职工的业务技能培训,抓好现场正规循环作业			
六、主要绩效考核指标			
采煤规程、措施编制内容是否符合要求; 工作面现场安全管理状况; 安全技术资料、台账管理情况; 现场工作能力和工作态度			

续表

七、主要工作联系		
联系类别	沟通部门/岗位	沟通内容/结果
公司内部	公司各部室	工作汇报,沟通,执行
公司外部	设备厂家	工作联系
八、任职资格要求			
---	---	---	---
最匹配的学历	专科及以上	最匹配的专业	采煤、矿山机电等专业
职业资格	安全资格证书		
专业知识	具备煤矿有关安全和生产技术管理的规定知识; 具备采煤及相关知识; 具备综采质量标准化的相关知识; 具备井下环境危险源辨识和各种井下灾害预防及处理知识; 具备一定的计算机网络及办公自动化技能		
所需能力	具有较强的执行能力,能承受较大的工作压力,根据实际情况,采取有效措施,完成各项工作任务; 具有较强的沟通协调能力,与业务部室联系,就采煤技术管理中出现的问题提出改进方法; 具有较强的解决问题能力,能够及时发现业务及管理上的问题,能够处理一般的突发事件; 具有一定的学习创新能力,能够快速学习和借鉴新理念、新事物,并将其应用于实际工作当中		
工作经验	2年以上工作经验,从事相关工作1年以上		
年龄	20岁以上		
性别	男		
身体状况	身体健康; 无岗位职业禁忌证		

九、内部晋升通道	
可晋升岗位	副区长
可转换岗位	生产口其他同级岗位
十、工作环境	
工作时间	正常工作时间

续表

工作地点	办公室、生产现场

五、综采工区班组长岗位说明书(JC01-09)

一、岗位基本情况			
岗位名称	**班组长**	岗位编码	**JC01-09**
所在部门	**综采一工区**	岗位类别	**操作岗**
直接上级	**副区长**	岗位级别	
直接下级	**本班成员**	定员人数	
二、岗位设置目的			
根据《安全生产法》等法律、法规、制度、规定等要求,对本班成员安全生产等工作全面负责;通过督导、落实本班成员的安全生产制度,实现本班成员的生产、安全等任务的完成			
三、岗位职责			
贯彻执行党和国家的安全生产方针、法律法规,及时传达上级的各项安全指令及会议精神,执行公司各项安全生产规章制度;			
负责本班安全生产管理,是本班安全生产的第一责任者,全面负责本班管辖范围内的现场安全管理工作;			
负责组织本班生产组织管理,按时完成公司下达的年度、月度安全生产任务;			
负责组织每天安全隐患的排查,参加公司组织的各类隐患排查和安全检查,对排查出的隐患及时进行落实整改;			
负责组织本班安全质量标准化达标工作;			
完成领导交给的其他任务			
四、岗位主要权限			
对本班全体职工制定、实施、执行安全生产制度管理权;			
对本班职工的安全生产有监督和指挥权;			
对本班员工的培训和技能学习有监督与考核权;			
对本班职工的工作有临时分派权			
五、工作内容			
负责本班的日常生产任务安排工作,对生产安全等工作进行安排部署;			
深入井下现场,进行现场指挥和安全生产监督;			

续表

抓好本班作业规程和安全技术措施的贯彻落实；

负责组织限期处理上级单位、有关部室及领导落实的各项隐患，处理不了的要及时向有关单位和领导反映

六、主要绩效考核指标		

本班安全生产情况；

综合素质；

生产任务落实情况；

参加调度会记录；

工作安排情况；

各项安全生产管理制度落实情况；

员工培训和考核情况；

入井考核记录

七、主要工作联系		
联系类别	沟通部门/岗位	沟通内容/结果
公司内部	区长、副区长	工作汇报,沟通,执行
公司外部	无	无

八、任职资格要求			
最匹配的学历	专科及以上	最匹配的专业	采煤、矿山机电等专业
职业资格	安全资格证书		
专业知识	具备煤矿有关安全和生产技术管理的规定知识； 具备采煤及相关知识； 具备综采质量标准化的相关知识； 具备井下环境危险源辨识和各种井下灾害预防及处理知识； 具备一定的计算机网络及办公自动化技能		
所需能力	具有较强的执行能力,能承受较大的工作压力,根据实际情况,采取有效措施,完成各项工作任务； 具有较强的沟通协调能力,与班组成员保持联系； 具有较强的解决问题能力,能够及时发现、处理问题		
工作经验	2年以上工作经验,从事本工种1年		
年龄	20岁以上		

续表

性别	男
身体状况	身体健康； 无岗位职业禁忌证
九、内部晋升通道	
可晋升岗位	综采工区管理岗
可转换岗位	综采工区其他同级岗位
十、工作环境	
工作时间	轮班工作制
工作地点	综采工作面

六、综采工区采煤机司机岗位说明书(JC01-10)

一、岗位基本情况			
岗位名称	采煤机司机	岗位编码	JC01-10
所在部门	综采一工区	岗位类别	操作岗
直接上级	班组长	岗位级别	9岗
直接下级	无	定员人数	
二、岗位设置目的			
按照作业规程和采煤机操作规程,操作、监护采煤机的正常运行,保证采煤工作面的正常安全生产			
三、岗位职责			
负责工作面采煤机的正常运转,完成本班生产任务及维修、维护工作; 负责处理一般故障,及时将采煤机使用的信息反馈至相关部门; 负责清理采煤机上的浮煤、杂物,搞好责任区的文明生产; 完成领导交给的其他任务			
四、岗位主要权限			
对综采工区的采煤机管理及设备改造有监督和建议权; 对采煤机的正常运行有监护权; 对综采工区的其他设备有改革创新的建议权			

续表

五、工作内容			
负责采煤机的日常维护、故障处理及设备文明生产工作；			
做好设备的日常保养、检修和定期检修工作，发现问题及隐患及时排除；			
负责采煤机的操作、运行监护，时刻注意采煤机运行情况和工作面条件；			
负责接班、交班前齿轨连接、电缆、供液管路水管及支架支护的检查工作；			
负责做好采煤机的停、放及运转工作日志填写；做好相应的记录工作			
六、主要绩效考核指标			
安全状况、综合素质、行为规范、劳动纪律、工作能力、任务完成情况、业务技术能力等			
七、主要工作联系			
联系类别	沟通部门/岗位		沟通内容/结果
公司内部	区长、副区长、班组长		工作汇报，沟通，执行
公司外部	无		无
八、任职资格要求			
最匹配的学历	专科及以上	最匹配的专业	机电一体化及相关专业
职业资格	安全资格证、特种作业证		
专业知识	熟悉采煤机各系统的基本原理； 熟悉采煤机的日常维护和检修的要求； 熟悉采煤机的操作等		
所需能力	具有较强的执行能力，能承受较大的工作压力，根据实际情况，采取有效措施，完成各项工作任务； 具有较强的沟通协调能力，与班组成员保持联系； 具有较强的解决问题能力，能够及时发现、处理采煤机问题		
工作经验	2年以上工作经验		
年龄	20岁以上		
性别	男		
身体状况	身体健康； 无岗位职业禁忌证		
九、内部晋升通道			
可晋升岗位	班组长		
可转换岗位	综采工区其他同级岗位		

续表

十、工作环境	
工作时间	轮班工作制
工作地点	综采工作面

七、综采工区液压支架工岗位说明书(JC01-14)

一、岗位基本情况			
岗位名称	**液压支架工**	岗位编码	**JC01-14**
所在部门	**综采一工区**	岗位类别	**操作岗**
直接上级	**班组长**	岗位级别	**8 岗**
直接下级	**无**	定员人数	
二、岗位设置目的			
按照作业规程和液压支架操作规程,操作、监护液压支架的正常运行,保持液压支架的正常工况,保证采煤工作面的正常安全生产			
三、岗位职责			
认真执行交接班制度; 负责做好液压支架的检修及运转工作日志记录; 负责处理一般故障,及时将液压支架使用的全面信息反馈至相关部门,确保液压支架正常工作; 完成领导交给的其他任务			
四、岗位主要权限			
对液压支架管理及设备改造有监督和建议权; 对其他设备有改革创新的建议权; 对液压支架的正常支护有监护、使用权			
五、工作内容			
负责接班、交班前泵站、供液管路、支架支护情况的检查工作; 负责所辖区域内液压支架的日常维护、故障处理及设备文明生产工作; 做好设备的日常保养和定期检修工作,发现问题及隐患及时排除; 负责处理工作段范围的文明生产工作,包括支架大脚处、脚踏板处及架间管线; 做好相应的记录工作			

续表

六、主要绩效考核指标		
安全状况、综合素质、行为规范、劳动纪律、工作能力、任务完成情况、业务技术能力等		
七、主要工作联系		
联系类别	沟通部门/岗位	沟通内容/结果
公司内部	区长、副区长、班组长	工作汇报,沟通,执行
公司外部	无	无
八、任职资格要求		
最匹配的学历	专科及以上	最匹配的专业	机电一体化及相关专业
职业资格	液压支架操作证、从业资格证		
专业知识	熟悉液压系统的基本原理; 熟悉液压支架的质量标准化和日常维护的要求; 熟悉液压支架的操作等		
所需能力	1.具有较强的执行能力,能承受较大的工作压力,根据实际情况,采取有效措施,完成各项工作任务; 2.具有较强的沟通协调能力,与班组成员保持联系; 3.具有较强的解决问题能力,能够及时发现、处理液压支架问题		
工作经验	2年以上工作经验		
年龄	20岁以上		
性别	男		
身体状况	身体健康; 无岗位职业禁忌证		
九、内部晋升通道		
可晋升岗位	班组长	
可转换岗位	综采工区其他同级岗位	
十、工作环境		
工作时间	轮班工作制	
工作地点	综采工作面	

第三节　智能化煤矿机关单位岗位说明书

公司机关单位较多,本节以人力资源部为例,对机关单位岗位说明书编制进行说明。

人力资源部(节选)

	部门名称	人力资源部	部门编码	JG-06-HR
部门概述	根据公司相应的人力资源管理规章制度,通过建立完善的煤矿人力资源管理体系并组织推动实施,规范内部管理,建立良好的安全生产和经营管理机制,为公司决策层提供全面、深入的人力资源决策支持			
部门职责	负责确定各部门机构、编制、岗位、人员及其职责; 负责劳动合同管理和员工关系管理工作; 负责社会保险管理工作; 负责培训、绩效、薪酬及职称管理工作; 负责制定实施各项人力资源管理操作办法和流程; 负责招聘、配置、调配和人员晋升工作			
组织结构图	党支部书记、部长下设副部长(培训社保管理)、副部长、工伤职业病办公室主任、离职人员管理办公室主任;下辖:工伤、职业卫生主管,劳动合同主管,薪酬、统计主管,培训、职称、技能等级主管,人事档案主管,社会保险主管,信息化及考勤主管,人员招聘、劳动组织及开发主管,劳动定额、劳务派遣及承包主管,综合员			

一、人力资源部部长岗位说明书(JG06-HR-01)

一、基本信息			
岗位名称	部长	岗位编码	JG06-HR-01
所在部门	人力资源部	岗位类别	管理岗
直接上级	总经理	岗位级别	副处级
直接下级	部门副职	定员人数	1人
二、岗位设置目的			
根据公司发展战略和经营目标,全面负责公司人力资源战略规划,对人力资源的引进与配置、培训与开发、考核与激励、安全与保障等业务工作进行统筹管理,确保公司生产经营目标和员工价值的实现			
三、岗位职责			
协助常务副总经理做好公司的人力资源和社会保障工作; 负责贯彻上级有关人力资源管理的法规及规章制度,建立健全公司各项人力资源规章制度并监督实施; 负责新聘员工的招录、考核、培训及人力资源配置和员工流动的审批; 负责劳动组织管理、劳动力计划管理、职工薪酬管理、社会保险管理、职工教育培训管理、外来人员教育培训管理、经济责任制考核等工作			
四、工作内容			
全面负责人力资源部日常管理工作; 建立公司内部人才的分类及梯队体系负责公司年度培训计划的审核与下发并监督实行,负责员工社会保险制度和员工福利保障的建立和实施并监督执行			
五、主要绩效考核指标			
掌握公司矿井的生产接续安排、生产需求及规划发展情况,编制公司发展需求的人力资源配置纲要并组织实施; 正确维护企业和职工双方的合法权益,促进矿区和谐稳定			
六、工作权限			
对公司员工引进、调配和派遣具有审核权; 对公司各类人员的聘任具有资格审查权; 对公司各部门、中心定编定员及用工计划具有审核权; 对工资总额结算和工资分配具有监督、审查权			

续表

七、工作协作关系	
内部联系	公司各部室
外部联系	集团公司、劳务派遣单位及其他相关单位

八、任职资格要求		
最匹配的学历		本科及以上学历
最匹配的专业		人力资源管理、企业管理等专业
职业资格		安全资格证书
最匹配的职称		中级职称及以上
工作经验		10年以上工作经验,从事相关工作5年以上
专业知识		熟悉国家相关劳动工资政策法规、现代人力资源管理的基本方法; 了解煤矿行业岗位设置; 掌握劳动定额、工资核算等劳资方面的工作方法和程序; 具备一定的统计知识
综合素质		执行能力:能承受较大的工作压力,根据实际情况,采取有效措施,完成各项工作任务; 沟通协调能力:与基层单位和业务科室联系,就人力资源管理中出现的问题提出改进方法; 解决问题能力:能够及时发现业务及管理上的问题,能够处理一般的突发事件; 分析归纳能力:能对人力资源管理情况进行分析归纳; 学习创新能力:能够快速学习和借鉴新理念、新事物,并将其应用于实际工作当中
辅助技能	英语	具有一定的英语听、说、读、写能力
	计算机	能熟练操作计算机,熟练使用办公软件; 能熟练使用智慧化办公系统
	文字处理	具有良好的文案制定和写作能力
	其他	具有良好的沟通能力、紧急事件处理能力、会议组织能力
年龄		30岁以上
性别		不限

续表

身体状况	身体健康；无岗位职业禁忌证
九、岗位培训与岗位晋升通道	
岗位培训	入职培训	企业文化、公司规章制度、安全管理等
	专业培训	根据工作需要，进行实时专业培训，如劳动定额、劳动用工、薪酬管理等
	其他培训	《人力资源管理》《统计学》《管理学原理》《管理心理学》《组织行为学》《市场营销》《宏观经济学》《微观经济学》
岗位晋升	可晋升岗位	公司副总级
	可轮换岗位	经营口其他同级岗位
十、工作条件		
工作场所	室内办公，集体办公室，井下现场	
工作时间	正常工作时间，偶尔加班，偶尔出差	
工作设备	计算机、一般办公设备（打印机、传真、电话、复印机）、通信设备	
工作环境	地面空调、自然照明、无粉尘及危险性，煤场、井下有噪声、粉尘	

二、人力资源部党支部书记岗位说明书（JG06-HR-02）

一、基本信息			
岗位名称	**党支部书记**	岗位编码	**JG06-HR-02**
所在部门	**人力资源部**	岗位类别	**管理岗**
直接上级	**党委书记**	岗位级别	**副处级**
直接下级	**部门副职**	定员人数	**1人**
二、岗位设置目的			
根据公司发展战略和经营目标，全面负责公司人力资源战略规划，对人力资源的引进与配置、培训与开发、考核与激励、安全与保障等业务工作进行统筹管理，确保公司生产经营目标和员工价值的实现			
三、岗位职责			
负责贯彻上级有关人力资源管理的法规及规章制度，建立健全公司各项人力资源规章制度并监督实施，规范内部管理，建立良好的安全生产和经营管理机制；			

续表

负责制定公司人力资源发展规划,为公司的发展提供技术型和技能型人才;

建立有效的员工激励和约束机制,确保上情下达、下情上报的渠道畅通,调动公司各单位人员的工作积极性,大力发挥团队的协作精神和协调能力,提高办事效率,搞好部门各项基础管理工作;

负责新聘员工的招录、考核、培训及人力资源配置和员工流动的审批;

劳动合同的签订、续订、变更、终止、解除,工资承包指标的核定,工资结算与发放,劳动定额的贯彻执行,职工培训的实施及考核发证;

贯彻执行《劳动法》《劳动合同法》《工伤保险条例》《职业病防治法》《陕西省实施〈工伤保险条例〉办法》等法律法规和公司薪酬管理制度;

负责劳动组织管理、劳动力计划管理、职工薪酬管理、社会保险管理、职工教育培训管理、外来人员教育培训管理、经济责任制考核等工作;

协助常务副总经理做好公司的人力资源和社会保障工作;

尊重领导,听从指挥,在工作上支持和服从上级,维护上级领导的形象和声誉;

对基层单位的劳动组织、劳动力管理、工时利用和计件工资分配经常性地进行监督检查、调研和指导,帮助下级解决工作中遇到的困难和问题,更好地完成各项工作任务

四、工作内容

负责各岗位的工作指导、制度设置,做好工作总结;

工作现场指导;

评估下级工作绩效,之后进行评价面谈,提出工作改进意见,并指导下级检查改进工作

五、主要绩效考核指标

党政路线、方针、政策传达学习;

对员工思想动态了解到位;

企业文化组织机构到位,文化载体丰富有效

六、工作权限

参与对部门内部人员的任免建议;

对部门日常业务活动的支配指导权;

对工作改进具有建议权

七、工作协作关系	
内部联系	公司各部室
外部联系	集团公司及其他政府相关单位

续表

八、任职资格要求		
最匹配的学历	本科及以上学历	
最匹配的专业	政治、管理类等专业	
职业资格	安全资格证书	
最匹配的职称	中级职称及以上	
工作经验	10年以上工作经验,5年以上党龄	
专业知识	掌握政治理论知识、党务相关知识及企业管理知识; 掌握煤矿生产、经营、安全、管理等方面的基本知识; 具备较强的组织协调能力、指挥领导能力、应变能力、语言表达能力及驾驭全局的综合能力; 具备良好的理解判断能力、组织协调能力、分析执行能力	
综合素质	执行能力:能承受较大的工作压力,根据实际情况,采取有效措施,完成各项工作任务; 沟通协调能力:与基层单位和业务科室联系,就人力资源管理中出现的问题提出改进方法; 解决问题能力:能够及时发现业务及管理上的问题,能够处理一般的突发事件; 分析归纳能力:能对人力资源管理情况进行分析归纳; 具有一定的学习创新能力,能够快速学习和借鉴新理念、新事物,并将其应用于实际工作当中	
辅助技能	英语	具有一定的英语听、说、读、写能力
	计算机	能熟练操作计算机,熟练使用办公软件; 能熟练使用智慧化办公系统
	文字处理	具有良好的文案制定和写作能力
	其他	具有良好的沟通能力、紧急事件处理能力、会议组织能力
年龄	30岁以上	
性别	不限	
身体状况	身体健康; 无岗位职业禁忌证	

续表

九、岗位培训与岗位晋升通道		
岗位培训	入职培训	企业文化、公司规章制度、企业管理人员安全资格培训等
	专业培训	根据工作需要,进行实时专业培训,如煤矿安全管理人员培训等
	其他培训	《人力资源管理》《统计学》《管理学原理》《管理心理学》《组织行为学》《市场营销》《宏观经济学》《微观经济学》
岗位晋升	可晋升岗位	公司党委副书记或公司副总级
	可轮换岗位	经营口或政工口其他同级岗位
十、工作条件		
工作场所		室内办公,集体办公室,井下现场
工作时间		正常工作时间,偶尔加班,偶尔出差
工作设备		计算机、一般办公设备(打印机、传真、电话、复印机)、通信设备
工作环境		地面空调、自然照明、无粉尘及危险性,煤场、井下有噪声、粉尘

三、人力资源部副部长(培训社保管理)岗位说明书(JG06-HR-03)

一、基本信息			
岗位名称	副部长(培训社保管理)	岗位编码	JG06-HR-03
所在部门	人力资源部	岗位类别	管理岗
直接上级	部长	岗位级别	正科级
直接下级	科员	定员人数	1人
二、岗位设置目的			
根据《社会保险法》《职业病防治法》《国家职业技能鉴定管理办法》以及公司相关政策,协助部长做好社会保险、职业健康管理工作,维护好公司和员工双方的利益			
三、岗位职责			
负责贯彻上级有关人力资源管理的法规及规章制度,建立健全公司各项人力资源规章制度并监督实施;			
负责制定公司人力资源发展规划,为公司的发展提供技术型和技能型人才;			
负责制定新聘员工的招录、考核、培训及人力资源配置和员工流动的审批管理办法;			
负责制定公司年度招聘计划、绩效考核、薪酬制度并指导实施;			
负责制定公司员工流动、定编定员、劳动合同、劳动争议等管理办法;			

续表

建立有效的员工激励和约束机制,确保上情下达、下情上报的渠道畅通,调动公司各部门人员的工作积极性,大力发挥团队的协作精神、协调能力,提高办事效率,搞好部门各项基础管理工作

四、工作内容

建立员工的综合考察体系,对员工的转正、定级、培养、任用、职称评审和晋升提出建议;

负责公司人力资源战略规划及相关管理制度的制定与实施;

负责公司机构设置与调整、岗位设置与人员配置及定编定员等相关工作;

编制定编、定岗、定员、定额标准工作;

分析调查公司现有的薪酬状况、制定薪酬方案并指导实施;

协助部长做好部门内部的管理工作

五、主要绩效考核指标

工作态度和工作能力;

人力资源管理制度的合理性;

人力资源规划的可行性、科学性;

薪酬制度的公平性和激励性;

各项业务的工作质量及完成情况

六、工作权限

对公司员工引进、调配和派遣具有审核权;

对下属员工具有考核权及奖惩权;

对下级各职能部门负责人的工作具有指导权、监督权和考核权;

对工资总额结算和工资分配具有监督、审查权

七、工作协作关系

内部联系	公司各部室
外部联系	集团公司、劳务派遣单位及其他相关单位

八、任职资格要求

最匹配的学历	大专及以上学历
最匹配的专业	人力资源管理、企业管理等专业
职业资格	安全资格证书
最匹配的职称	初级职称及以上
工作经验	5年以上工作经验,从事相关工作3年以上

续表

专业知识	熟悉国家相关劳动工资政策法规、现代人力资源管理的基本方法； 了解煤矿行业岗位设置，掌握劳动定额、工资核算等劳资方面的工作方法和程序； 具备一定的统计知识	
综合素质	执行能力：能承受较大的工作压力，根据实际情况，采取有效措施，完成各项工作任务； 沟通协调能力：与基层单位和业务科室联系，就人力资源管理中出现的问题提出改进方法； 解决问题能力：能够及时发现业务及管理上的问题，能够处理一般的突发事件； 分析归纳能力：能对人力资源管理情况进行分析归纳； 具有一定的学习创新能力，能够快速学习和借鉴新理念、新事物，并将其应用于实际工作当中	
辅助技能	英语	具有一定的英语听、说、读、写能力
	计算机	能熟练操作计算机，熟练使用办公软件； 能熟练使用智慧化办公系统
	文字处理	具有良好的文案制定和写作能力
	其他	具有良好的沟通能力、紧急事件处理能力、会议组织能力
年龄	25岁以上	
性别	不限	
身体状况	身体健康； 无岗位职业禁忌证	
九、岗位培训与岗位晋升通道		
岗位培训	入职培训	企业文化、公司规章制度、安全管理等
	专业培训	根据工作需要，进行实时专业培训，如劳动定额、劳动用工、薪酬管理等
	其他培训	《人力资源管理》《统计学》《管理学原理》《管理心理学》《组织行为学》《市场营销》《宏观经济学》《微观经济学》
岗位晋升	可晋升岗位	部门正职
	可轮换岗位	经营口其他同级岗位

续表

十、工作条件	
工作场所	室内办公,集体办公室、井下现场
工作时间	正常工作时间,偶尔加班,偶尔出差
工作设备	计算机、一般办公设备(打印机、传真、电话、复印机)、通信设备
工作环境	地面空调、自然照明、无粉尘及危险性,煤场、井下有噪声、粉尘

四、人力资源部副部长岗位说明书(JG06-HR-04)

一、基本信息			
岗位名称	副部长	岗位编码	JG06-HR-04
所在部门	人力资源部	岗位类别	管理岗
直接上级	部长	岗位级别	正科级
直接下级	科员	定员人数	1人
二、岗位设置目的			
协助部长做好人力资源规划、员工管理、绩效考核、薪酬福利、统计分析等工作,为公司决策层提供全面、深入的人力资源决策支持,保证公司日常运作和可持续发展			
三、岗位职责			
负责贯彻上级有关人力资源管理的法规及规章制度,建立健全本单位各项人力资源规章制度并监督实施; 负责制定公司人力资源发展规划,为公司的发展提供技术型和技能型人才; 负责制定新聘员工的招录、考核、培训及人力资源配置和员工流动的审批管理办法; 负责制定公司年度招聘计划、绩效考核、薪酬制度并指导实施; 负责制定公司员工流动、定编定员、劳动合同、劳动争议等管理办法; 建立有效的员工激励和约束机制,确保上情下达、下情上报的渠道畅通,调动公司各部门人员的工作积极性,大力发挥团队的协作精神、协调能力,提高办事效率,搞好部门各项基础管理工作			
四、工作内容			
组织实施失业保险、企业年金管理工作; 组织实施公司基本养老保险、基本医疗保险、工伤保险、失业保险、企业年金等社会保险的参保登记及费用征缴;			

续表

组织实施基本养老保险个人账户管理、员工退休申报审批及离退休人员待遇的落实发放和领取资格的核查监督； 指导公司社会保险、职业卫生的各项工作； 协助部长做好部门内部的管理工作； 完成上级领导交办的其他工作	
五、主要绩效考核指标	
工作态度、工作能力； 参保率100%； 各项待遇发放及时准确； 职业健康检查覆盖率90%； 职称聘任与岗位是否相符	
六、工作权限	
对人力资源管理工作的建议权； 对下属员工的考核权及奖惩权； 对不符合规定的参保人员的拒绝权； 对下级各职能部门负责人工作的指导权、监督权和考核权	
七、工作协作关系	
内部联系	公司各部室
外部联系	集团公司、劳务派遣单位及其他相关单位
八、任职资格要求	
最匹配的学历	大专及以上学历
最匹配的专业	人力资源管理、企业管理等专业
职业资格	安全资格证书
最匹配的职称	初级职称及以上
工作经验	5年以上工作经验，从事相关工作3年以上
专业知识	熟悉国家相关社保政策法规、现代人力资源管理的基本方法； 掌握各种社保办理的具体业务流程； 具备一定统计知识
综合素质	执行能力：能承受较大的工作压力，根据实际情况，采取有效措施，完成各项工作任务；

续表

综合素质		沟通协调能力：与基层单位和业务科室联系，就人力资源管理中出现的问题提出改进方法； 解决问题能力：能够及时发现业务及管理上的问题，能够处理一般的突发事件； 分析归纳能力：能对人力资源管理情况进行分析归纳； 具有一定的学习创新能力，能够快速学习和借鉴新理念、新事物，并将其应用于实际工作当中
辅助技能	英语	具有一定的英语听、说、读、写能力
	计算机	能熟练操作计算机，熟练使用办公软件； 能熟练使用智慧化办公系统
	文字处理	具有良好的文案制定和写作能力
	其他	具有良好的沟通能力、紧急事件处理能力、会议组织能力
年龄		25岁以上
性别		不限
身体状况		身体健康； 无岗位职业禁忌证
九、岗位培训与岗位晋升通道		
岗位培训	入职培训	企业文化、公司规章制度、安全管理等
	专业培训	根据工作需要，进行实时专业培训，如劳动定额、劳动用工、薪酬管理等
	其他培训	《人力资源管理》《统计学》《管理学原理》《管理心理学》《组织行为学》《市场营销》
岗位晋升	可晋升岗位	部门正职
	可轮换岗位	经营口其他同级岗位
十、工作条件		
工作场所		室内办公，集体办公室、井下现场
工作时间		正常工作时间，偶尔加班，偶尔出差
工作设备		计算机、一般办公设备（打印机、传真、电话、复印机）、通信设备
工作环境		地面空调、自然照明、无粉尘及危险性，煤场、井下有噪声、粉尘

五、人力资源部工伤职业病办公室主任岗位说明书(JG06-HR-05)

一、基本信息			
岗位名称	工伤职业病办公室主任	岗位编码	JG06-HR-05
所在部门	人力资源部	岗位类别	管理岗
直接上级	部长	岗位级别	正科级
直接下级	科员	定员人数	1人
二、岗位设置目的			
协助部长做好人力资源规划、员工管理、绩效考核、薪酬福利、统计分析等工作,为公司决策层提供全面、深入的人力资源决策支持; 保证公司日常运作和可持续发展			
三、岗位职责			
负责贯彻上级有关人力资源管理的法规及规章制度,建立健全公司各项人力资源规章制度并监督实施; 负责制定公司人力资源发展规划,为公司的发展提供技术型和技能型人才; 负责制定新聘员工的招录、考核、培训及人力资源配置和员工流动的审批管理办法; 负责制定公司年度招聘计划、绩效考核、薪酬制度并指导实施; 负责制定公司员工流动、定编定员、劳动合同、劳动争议等管理办法; 建立有效的员工激励和约束机制,确保上情下达、下情上报的渠道畅通,调动公司各单位人员的工作积极性,大力发挥团队的协作精神、协调能力,提高办事效率,搞好部门各项基础管理工作			
四、工作内容			
组织实施失业保险、企业年金管理工作; 组织实施公司基本养老保险、基本医疗保险、工伤保险、失业保险、企业年金等社会保险的参保登记及费用征缴; 组织实施基本养老保险个人账户管理、员工退休申报审批及离退休人员待遇落实发放和领取资格核查监督; 指导公司社会保险、职业卫生的各项工作; 协助部长做好部门内部的管理工作; 完成上级领导交办的其他工作			

续表

五、主要绩效考核指标	
工作态度、工作能力； 参保率100%； 各项待遇发放及时准确； 职业健康检查覆盖率90%； 职称聘任与岗位是否相符	
六、工作权限	
对人力资源管理工作具有建议权； 对下属员工具有考核权及奖惩权； 对不符合规定的参保人员具有拒绝权； 对下级各职能部门负责人的工作具有指导权、监督权和考核权	
七、工作协作关系	
内部联系	公司各部室
外部联系	集团公司、劳务派遣单位及其他相关单位
八、任职资格要求	
最匹配的学历	大专及以上学历
最匹配的专业	人力资源管理、企业管理等专业
职业资格	安全资格证书
最匹配的职称	初级职称及以上
工作经验	5年以上工作经验，从事相关工作3年以上
专业知识	熟悉国家相关社保政策法规，现代人力资源管理的基本方法； 掌握各种社保办理的具体业务流程； 具备一定的统计知识
综合素质	执行能力：能承受较大的工作压力，根据实际情况，采取有效措施，完成各项工作任务； 沟通协调能力：与基层单位和业务科室联系，就人力资源管理中出现的问题提出改进方法； 解决问题能力：能够及时发现业务及管理上的问题，能够处理一般的突发事件； 分析归纳能力：能对人力资源管理情况进行分析归纳；

续表

综合素质		具有一定的学习创新能力,能够快速学习和借鉴新理念、新事物,并将其应用于实际工作当中
辅助技能	英语	具有一定的英语听、说、读、写能力
	计算机	能熟练操作计算机,熟练使用办公软件; 能熟练使用智慧化办公系统
	文字处理	具有良好的文案制定和写作能力
	其他	具有良好的沟通能力、紧急事件处理能力、会议组织能力
年龄		25 岁以上
性别		不限
身体状况		身体健康; 无岗位职业禁忌证

九、岗位培训与岗位晋升通道

岗位培训	入职培训	企业文化、公司规章制度、安全管理等
	专业培训	根据工作需要,进行实时专业培训,如劳动定额、劳动用工、薪酬管理等
	其他培训	《人力资源管理》《统计学》《管理学原理》《管理心理学》《组织行为学》《市场营销》
岗位晋升	可晋升岗位	部门正职
	可轮换岗位	经营口其他同级岗位

十、工作条件

工作场所	室内办公,集体办公室、井下现场
工作时间	正常工作时间,偶尔加班,偶尔出差
工作设备	计算机、一般办公设备(打印机、传真、电话、复印机)、通信设备
工作环境	地面空调、自然照明、无粉尘及危险性,煤场、井下噪声、粉尘

六、人力资源部离职人员管理办公室主任岗位说明书(JG06-HR-06)

一、基本信息

岗位名称	离职人员管理办公室主任	岗位编码	JG06-HR-06
所在部门	人力资源部	岗位类别	管理岗

续表

直接上级	部长	岗位级别	正科级
直接下级	主管	定员人数	1人

二、岗位设置目的
根据《社会保险法》《职业病防治法》《国家职业技能鉴定管理办法》以及公司相关政策,协助部长做好社会保险、职业健康管理工作,维护好公司和员工双方的利益

三、岗位职责
负责协助部长建立和完善公司人力资源和社会保险管理制度体系;
负责公司基本养老保险、基本医疗保险、失业保险、工伤保险、企业年金等社会保险的管理服务工作;
负责制定实施公司基本养老保险、基本医疗保险、工伤保险、失业保险、企业年金等社会保险的参保登记及费用征缴管理制度;
负责制定实施基本养老保险个人账户管理、员工退休申报审批及离退休人员待遇落实发放和领取资格核查等管理制度;
负责制定公司职工基本医疗保险个人账户管理、医疗费用报销管理制度

四、工作内容
负责离退休职工的日常管理和服务工作,结合离退休工作实际制定工作计划并组织实施;
负责离退休职工的政治学习、文件传阅,参加重要报告和有关会议等组织工作,及时向离退休职工通报公司党委重大决定、公司改革、建设发展等重要事项,确保党的精神、理论和公司决策部署在公司的贯彻落实;
全面掌握和及时反馈离退休人员学习、生活、思想、身体状况等信息,并协助解决有关困难和问题;
负责监督和保证离退休职工相关费用的申领、报销和发放工作;
负责组织离退休职工春、秋游和适合老同志的文体娱乐活动,管理离退休人员组建的群众性组织

五、主要绩效考核指标
正确实施基本养老保险个人账户管理、员工退休申报审批及离退休人员待遇落实发放和领取资格核查等管理制度

六、工作权限
对员工解聘事务工作具有管理权

续表

七、工作协作关系	
内部联系	公司各部室
外部联系	外包公司

八、任职资格要求	
最匹配的学历	大专及以上学历
最匹配的专业	人力资源管理、企业管理等专业
职业资格	安全资格证书
最匹配的职称	初级职称及以上
工作经验	5年以上工作经验,从事相关工作3年以上
专业知识	熟悉劳动法律法规、员工关系管理、离职流程优化及风险控制等方面的知识; 熟悉离职谈判技巧、离职数据分析及报告撰写等专业技能
综合素质	执行能力:能承受较大的工作压力,根据实际情况,采取有效措施,完成各项工作任务; 沟通协调能力:与基层单位和业务科室联系,就人力资源管理中出现的问题提出改进方法; 解决问题能力:能够及时发现业务及管理上的问题,能够处理一般的突发事件; 分析归纳能力:能对人力资源管理情况进行分析归纳; 具有一定的学习创新能力,能够快速学习和借鉴新理念、新事物,并将其应用于实际工作当中
辅助技能	英语	具有一定的英语听、说、读、写能力
	计算机	能熟练操作计算机,熟练使用办公软件; 能熟练使用智慧化办公系统
	文字处理	具有良好的文案制定和写作能力
	其他	具有良好的沟通能力、紧急事件处理能力、会议组织能力
年龄	25岁以上
性别	不限
身体状况	身体健康; 无岗位职业禁忌证

续表

九、岗位培训与岗位晋升通道			
岗位培训	入职培训	企业文化,公司规章制度,安全、职业危害上岗资格培训等	
	专业培训	根据工作需要,进行实时专业培训,如劳动定额、劳动用工、薪酬管理等	
	其他培训	《人力资源管理》《统计学》《管理学原理》《管理心理学》《组织行为学》《市场营销》《宏观经济学》《微观经济学》	
岗位晋升	可晋升岗位	部门正职	
	可轮换岗位	经营口其他同级岗位	
十、工作条件			
	工作场所	室内办公,集体办公室,井下现场	
	工作时间	正常工作时间,偶尔加班,偶尔出差	
	工作设备	计算机、一般办公设备(打印机、传真、电话、复印机)、通信设备	
	工作环境	地面空调、自然照明、无粉尘及危险性,煤场、井下有噪声、粉尘	

七、人力资源部工伤、职业卫生主管岗位说明书(JG06-HR-07)

一、基本信息			
岗位名称	**工伤、职业卫生主管**	岗位编码	**JG06-HR-07**
所在部门	**人力资源部**	岗位类别	**管理岗**
直接上级	**副部长**	岗位级别	**副科级**
直接下级	**无**	定员人数	**1人**
二、岗位设置目的			
负责保护和促进员工的职业健康和安全,通过制定和实施一系列的职业卫生管理措施,预防职业病和职业伤害的发生,提高职业健康水平,并监测职业卫生状况,确保职业卫生工作的有效实施			
三、岗位职责			
负责全公司的工伤保险; 依据国家的《工伤保险条例》《××省实施〈工伤保险条例〉办法》《××公司工伤保险实施细则》等法规政策制定公司工伤管理办法并实施; 参与工伤(职业病)事故的调查处理,负责材料的收集、审核、上报、认定、鉴定及结果的送			

续表

| 达,政策的解释; |
| 负责工伤档案、职业健康档案的建立和管理工作; |
| 负责工伤(职业病)医疗费用的审核、报销,医疗(康复)费用的核定 |

四、工作内容
进行员工岗前、岗中和离岗职业卫生健康体检,建立员工危害健康监护档案,包括员工的职业史、职业危害因素接触史、职业健康检查结果等个人健康资料;
定期组织现场检查,发现不安全情况,有权责令改正,或立即报告领导小组研究处理;
积极应对处理职业危害事故和参与工伤事故的处理、救治、医疗、康复等工作,落实工伤员工、职业病患者的待遇

五、主要绩效考核指标
按时逐步完成年初制定的本年度职业危害防治计划与实施方案的内容;
坚持在安全质量标准化评分检查表系统对公司当月的"职业卫生安全质量标准化"进行自查评分,并进行上报

六、工作权限
监督员工劳动保护用品的领用、发放和使用等工作;
检查各基层单位职业危害防治制度和工伤待遇的执行情况

七、工作协作关系	
内部联系	公司各部室
外部联系	集团相关单位及各项目部

八、任职资格要求	
最匹配的学历	大专及以上学历
最匹配的专业	人力资源管理企业管理等专业
职业资格	无
最匹配的职称	无
工作经验	2年以上工作经验,从事相关工作1年以上
专业知识	熟悉国家相关职业卫生、工伤方面的政策法规,现代人力资源管理的基本方法; 了解公司各工种岗位设置,掌握劳动生产、安全和劳动防护等方面的工作方法和程序; 具备一定的职业卫生方面的应急救援知识和工伤救治方面的知识

续表

综合素质		具有较强的执行能力,能承受较大的工作压力,根据实际情况,采取有效措施,完成各项工作任务; 具有较强的沟通协调能力,与基层单位和业务部室联系,就职业卫生管理和工伤管理中出现的问题提出改进方法; 具有较强的解决问题能力,能够及时发现业务及管理上的问题,能够处理一般的突发事件
辅助技能	英语	具有一定的英语听、说、读、写能力
	计算机	能熟练操作计算机,熟练使用办公软件; 能熟练使用智慧化办公系统
	文字处理	具有良好的文案制定和写作能力
	其他	具有良好的沟通能力、紧急事件处理能力
年龄		22岁以上
性别		男性
身体状况		身体健康; 无岗位职业禁忌证
九、岗位培训与岗位晋升通道		
岗位培训	入职培训	公司规章制度,安全、职业危害上岗资格培训等
	专业培训	根据工作需要,进行实时专业培训,如职业病防治、职业健康管理、工伤管理等
岗位培训	其他培训	《人力资源管理》《管理学原理》《组织行为学》《劳动法律法规政策》《职业健康法律法规》《企业职业卫生管理》
岗位晋升	可晋升岗位	部门副职
	可轮换岗位	经营口其他同级岗位
十、工作条件		
	工作场所	室内办公,集体办公室,井下现场
	工作时间	正常工作时间,偶尔加班
	工作设备	计算机、一般办公设备(打印机、传真、电话、复印机)、通信设备
	工作环境	地面空调、自然照明、无粉尘及危险性,煤场、井下有噪声、粉尘

八、人力资源部劳动合同主管岗位说明书(JG06-HR-08)

一、基本信息			
岗位名称	劳动合同主管	岗位编码	JG06-HR-08
所在部门	人力资源部	岗位类别	管理岗
直接上级	副部长	岗位级别	副科级
直接下级	无	定员人数	1人
二、岗位设置目的			
根据国家《工伤保险条例》《××省实施〈工伤保险条例〉办法》要求,制订切合公司实际的工伤方面的管理制度,宣传、贯彻、执行国家有关职业危害防治和工伤管理方面的方针、政策、法规和标准,确保各项方针政策的落实			
三、岗位职责			
负责全公司的工伤保险; 依据国家《工伤保险条例》《××省实施〈工伤保险条例〉办法》《××公司工伤保险实施细则》等法规政策制定公司工伤管理办法并实施; 参与工伤(职业病)事故的调查处理,负责材料的收集、审核、上报、认定、鉴定及结果的送达,政策的解释; 负责工伤档案、职业健康档案的建立和管理工作; 负责工伤(职业病)医疗费用的审核、报销,医疗(康复)费用的核定			
四、工作内容			
负责管理、优化总部和分公司的员工关系管理体系相关制度、流程,形成标准化操作规范,推进、监督各分公司、分厂有效实施; 为各公司、分厂劳资行为提供合规咨询服务与支持,及时跟踪政府各类政策和动态,搜集各类政策法规,推动用工合法化; 定期组织召开劳动关系会议,对劳资工作存在的问题进行汇总,并分析潜在的劳动用工风险,及时解决问题和规避风险; 制定生产现场安全隐患排查计划,定期收集各分公司安全隐患排查报告,并追溯验证整改情况; 推动落实职业健康安全体系维护(7个档案盒)及职业健康安全知识培训,做好职业健康安全预防工作; 处理员工冲突,解决员工投诉和劳动纠纷事件			

续表

五、主要绩效考核指标	
工作能力、工作态度;负责全公司的工伤保险,落实工伤(职业病)医疗费用的审核、报销,医疗(康复)费用的核定	
六、工作权限	
对员工招聘、调配等人事事务工作具有管理权; 对员工见习转正,一般管理晋升年限具有审核权	
七、工作协作关系	
内部联系	公司各部室
外部联系	外包公司
八、任职资格要求	
最匹配的学历	大专及以上学历
最匹配的专业	人力资源管理、企业管理等专业
职业资格	无
最匹配的职称	无
工作经验	2年以上工作经验,从事相关工作1年以上
专业知识	具备扎实的劳动法律知识和丰富的人力资源管理经验,熟悉《劳动法》《劳动合同法》等相关法律法规,了解劳动合同的签订、履行、变更、解除等全过程,确保煤矿企业劳动合同管理的合规性和规范性; 具备良好的沟通和协调能力,能够与员工进行有效沟通,处理劳动合同相关的疑难问题,维护企业和员工的合法权益
综合素质	具有较强的执行能力,能承受较大的工作压力,根据实际情况,采取有效措施,完成各项工作任务; 具有较强的解决问题能力,能够及时发现业务及管理上的问题,能够处理一般的突发事件; 具有较强的沟通协调能力; 具有一定的学习创新能力,能够快速学习和借鉴新事物、新方法,并将其应用于实际工作当中
辅助技能	英语	具有一定的英语听、说、读、写能力
	计算机	能熟练操作计算机,熟练使用办公软件; 能熟练使用智慧化办公系统

续表

辅助技能	文字处理	具有良好的文案制定和写作能力
	其他	具有良好的沟通能力、紧急事件处理能力
年龄		22岁以上
性别		不限
身体状况		身体健康； 无岗位职业禁忌证
九、岗位培训与岗位晋升通道		
岗位培训	入职培训	企业文化,公司规章制度,安全、职业危害上岗资格培训等
	专业培训	根据工作需要,进行实时专业培训,如劳动定额、劳动用工、薪酬管理等
	其他培训	《人力资源管理》《统计学》《管理学原理》《管理心理学》《组织行为学》《市场营销》《宏观经济学》《微观经济学》
岗位晋升	可晋升岗位	部门副职
	可轮换岗位	经营口其他同级岗位
十、工作条件		
工作场所		室内办公,集体办公室,井下生产现场
工作时间		正常工作时间,偶尔加班
工作设备		计算机、一般办公设备(打印机、传真、电话、复印机)、通信设备
工作环境		地面空调、自然照明、无粉尘及危险性,煤场、井下有噪声、粉尘

九、人力资源部薪酬、统计主管岗位说明书(JG06-HR-09)

一、基本信息			
岗位名称	**薪酬、统计主管**	岗位编码	**JG06-HR-09**
所在部门	**人力资源部**	岗位类别	**管理岗**
直接上级	**副部长**	岗位级别	**副科级**
直接下级	**无**	定员人数	**1人**
二、岗位设置目的			
协助部长做好人力资源规划、员工管理、绩效考核、薪酬福利、统计分析等工作,为公司决策层提供全面、深入的人力资源决策支持;			

续表

保证公司日常运作和可持续发展	
三、岗位职责	
协助部门领导制定薪酬方面的管理办法； 协助部门领导对薪酬管理进行分析； 按时完成月度工资结算、审核、上报审批工作； 完成部门领导交办的其他任务	
四、工作内容	
年初进行全年工资承包方案编制工作； 每月进行员工工资的测算、结算、审批工作	
五、主要绩效考核指标	
保质保量完成月度工资结算、审核、上报审批工作,坚持"按劳分配、效益优先、兼顾公平"的原则,审核职工工资分配工作	
六、工作权限	
对工资分配方案具有建议权； 对区队职工工资分配方案有审核权； 对基层单位劳动工资管理有跟踪检查权	
七、工作协作关系	
内部联系	人力资源部部长及部门同事
外部联系	各外包单位
八、任职资格要求	
最匹配的学历	大专及以上学历
最匹配的专业	人力资源管理及相关专业
职业资格	无
最匹配的职称	无
工作经验	2年以上工作经验,从事相关工作1年以上
专业知识	熟悉国家相关劳动工资政策法规、现代人力资源管理的基本方法,了解煤矿行业岗位设置,掌握劳动定额、工资核算等劳资方面的工作方法和程序,具备一定的统计知识
综合素质	具有较强的执行能力,能承受较大的工作压力,根据实际情况,采取有效措施,完成各项工作任务；

续表

综合素质		具有较强的沟通协调能力,能与基层单位和业务科室联系,就薪酬管理中出现的问题提出改进方法; 具有较强的解决问题能力,能够及时发现业务及管理上的问题,能够处理一般的突发事件; 具有较强的分析归纳能力,能根据薪酬管理的运行情况进行分析归纳; 具有一定的学习创新能力,能够快速学习和借鉴新理念、新事物,并将其应用于实际工作当中
辅助技能	英语	具有一定的英语听、说、读、写能力
	计算机	能熟练操作计算机,熟练使用办公软件; 能熟练使用智慧化办公系统
	文字处理	具有良好的文案制定和写作能力
	其他	具有良好的沟通能力、紧急事件处理能力
年龄		22岁以上
性别		不限
身体状况		身体健康; 无岗位职业禁忌证
九、岗位培训与岗位晋升通道		
岗位培训	入职培训	企业文化,公司规章制度,安全、职业危害上岗资格培训等
	专业培训	根据工作需要,进行实时专业培训,如劳动定额、劳动用工、薪酬管理等
	其他培训	《人力资源管理》《统计学》《管理学原理》《管理心理学》《组织行为学》《市场营销》
岗位晋升	可晋升岗位	部门副职
	可轮换岗位	经营口其他同级岗位
十、工作条件		
	工作场所	室内办公,集体办公室
	工作时间	正常工作时间,偶尔加班
	工作设备	计算机、一般办公设备(打印机、传真、电话、复印机)、通信设备
	工作环境	地面空调、自然照明、无粉尘及危险性,煤场、井下有噪声、粉尘

十、人力资源部培训、职称、技能等级主管岗位说明书(JG06-HR-10)

一、基本信息			
岗位名称	**培训、职称、技能等级主管**	岗位编码	**JG06-HR-10**
所在部门	**人力资源部**	岗位类别	**管理岗**
直接上级	**副部长**	岗位级别	**副科级**
直接下级	**无**	定员人数	**1人**
二、岗位设置目的			
制定切合公司实际的劳动定额标准,使劳动定额管理工作系统化、规范化、科学化; 坚持"按劳分配、效益优先、兼顾公平"的原则,充分发挥工资的激励作用,调动员工劳动积极性; 遵守职业道德,认真统计,为领导决策提供真实有效的数据			
三、岗位职责			
协助部门领导制定薪酬方面的管理办法; 协助部门领导对薪酬管理进行分析; 按时完成月度工资结算、审核、上报审批工作; 完成部门领导交办的其他任务			
四、工作内容			
建立和完善公司培训体系,编制、修订员工培训管理办法; 按时上报员工职业技能鉴定相关资料; 统计调研公司各部门、中心的培训需求,制定年度培训计划,根据年度培训计划,组织、开展各项培训工作,建立员工培训档案,考核、评估培训组织实施效果; 负责管理员工培训证书和相关培训证件,按时完成培训报表统计、填报、上报工作			
五、主要绩效考核指标			
保质保量完成上级单位、集团公司组织开展的各类业务培训、技能鉴定等工作;按照计划开展培训工作并取得显著成效			
六、工作权限			
对培训工作具有建议、监督和管理权;对职业技能鉴定工作具有审核权;对全员持证情况具有监督、审核权			
七、工作协作关系			
内部联系	公司各部室		

续表

外部联系	外部公司培训机构
八、任职资格要求	
最匹配的学历	大专及以上学历
最匹配的专业	人力资源管理、企业管理等专业
职业资格	安全资格证书
最匹配的职称	无
工作经验	2年以上工作经验,从事相关工作1年以上
专业知识	熟悉人力资源管理的相关工作; 掌握培训相关业务知识和煤矿安全生产知识; 对公司培训工作具有全局管控能力
综合素质	具有较强的执行能力,能承受较大的工作压力,根据实际情况,采取有效措施,完成各项工作任务; 具有较强的沟通协调能力,与基层单位和业务科室联系,就薪酬管理中出现的问题提出改进方法; 具有较强的解决问题能力,能够及时发现业务及管理上的问题,能够处理一般的突发事件; 具有较强的分析归纳能力,能根据薪酬管理的运行情况进行分析归纳; 具有一定的学习创新能力,能够快速学习和借鉴新理念、新事物,并将其应用于实际工作当中
辅助技能	英语	具有一定的英语听、说、读、写能力
	计算机	能熟练操作计算机,熟练使用办公软件; 能熟练使用智慧化办公系统
	文字处理	具有良好的文案制定和写作能力
	其他	具有良好的沟通能力、紧急事件处理能力
年龄	22岁以上
性别	不限
身体状况	身体健康; 无岗位职业禁忌证

续表

九、岗位培训与岗位晋升通道		
岗位培训	入职培训	公司规章制度,安全、职业危害上岗资格培训等
	专业培训	根据工作需要,进行实时专业培训,如内训师培训等
	其他培训	《人力资源管理》《统计学》《管理学原理》《管理心理学》《组织行为学》《市场营销》
岗位晋升	可晋升岗位	部门副职
	可轮换岗位	经营口其他同级岗位

十、工作条件	
工作场所	室内办公,集体办公室
工作时间	正常工作时间,偶尔加班
工作设备	计算机、一般办公设备(打印机、传真、电话、复印机)、通信设备
工作环境	地面空调、自然照明、无粉尘及危险性,煤场、井下有噪声、粉尘

十一、人力资源部人事档案主管岗位说明书(JG06-HR-11)

一、基本信息			
岗位名称	**人事档案主管**	岗位编码	**JG06-HR-11**
所在部门	**人力资源部**	岗位类别	**管理岗**
直接上级	**副部长**	岗位级别	**副科级**
直接下级	**无**	定员人数	**1人**
二、岗位设置目的			
负责公司员工培训教育工作开展、培训档案建立和职业技能鉴定等相关工作,确保为公司的发展培养优秀人才			
三、岗位职责			
协助部门领导进行培训管理工作;			
协助部门领导对培训效果进行分析负责;			
开展员工职业技能鉴定的相关培训统计工作;			
完成部门领导交办的其他任务			
四、工作内容			
负责督促公司各部门在管理活动中直接形成的,具有保存价值的不同载体、不同形式文件			

续表

材料档案的积累、整理、归档工作； 检查、验收归档文件材料档案是否完整、准确、符合档案整理规范要求； 归档案卷必须做到组卷合理、编写页码准确、编目填写清楚工整、案卷标题简明扼要、表述准确，保管期限划分科学、合理，装订整齐、美观； 档案人员要严格遵守其职责和工作纪律，热情服务，及时耐心地回答档案利用者的询问，采用现代化管理手段，积极开展档案咨询服务	
五、主要绩效考核指标	
保质保量完成资料移交、归档、整理工作；监督各部门兼职档案员的移交整理工作，确保资料统一移交归档	
六、工作权限	
对档案资料整理归档方案具有建议权；对各部门移交归档资料具有审核权；对各施工单位归档资料具有检查权	
七、工作协作关系	
内部联系	公司各部室
外部联系	无
八、任职资格要求	
最匹配的学历	大专及以上学历
最匹配的专业	档案管理、企业管理等专业
职业资格	档案管理上岗培训证书
最匹配的职称	无
工作经验	2年以上工作经验，从事相关工作1年以上
专业知识	熟悉国家相关档案法实施办法，本省档案管理条例； 了解公司内部档案资料实际情况； 掌握档案资料归档整理质量要求和实施细则； 具备一定的档案专业知识
综合素质	具有较强的执行能力，能承受较大的工作压力，根据实际情况，采取有效措施，完成各项工作任务； 具有较强的沟通协调能力，与各分部门兼职档案管理人员和外包单位联系，就档案移交归档整理中出现的问题提出改进方法； 具有较强的解决问题的能力，能够及时发现业务及管理上的问题，能

续表

综合素质		够处理一般的突发事件； 具有一定的学习创新能力,能够快速学习和借鉴新理念、新事物,并将其应用于实际工作当中
辅助技能	英语	具有一定的英语听、说、读、写能力
	计算机	能熟练操作计算机,熟练使用办公软件； 能熟练使用智慧化办公系统
	文字处理	具有良好的文案制定和写作能力
	其他	具有良好的沟通能力、紧急事件处理能力
年龄		22岁以上
性别		不限
身体状况		身体健康； 无岗位职业禁忌证
九、岗位培训与岗位晋升通道		
岗位培训	入职培训	企业文化,公司规章制度,安全、职业危害上岗资格培训等
	专业培训	××省档案员上岗培训,根据工作需要实施专业培训
	其他培训	《档案管理工作必备》《档案人员上岗必读》
岗位晋升	可晋升岗位	部门副职
	可轮换岗位	经营口其他同级岗位
十、工作条件		
工作场所		室内办公,集体办公室
工作时间		正常工作时间,偶尔加班
工作设备		计算机、一般办公设备(打印机、传真、电话、复印机)、通信设备
工作环境		地面空调、自然照明、无粉尘及危险性,煤场、井下有噪声、粉尘

十二、人力资源部社会保险主管岗位说明书(JG06-HR-12)

一、基本信息			
岗位名称	社会保险主管	岗位编码	JG06-HR-12
所在部门	人力资源部	岗位类别	管理岗
直接上级	副部长	岗位级别	副科级

续表

直接下级	无	定员人数	1人
二、岗位设置目的			
全面负责公司社会保险的管理与运营,确保社会保险政策的有效执行与落实			
三、岗位职责			
规划并执行公司社会保险政策,确保符合国家法律法规要求; 管理社会保险缴纳、报销、转移等日常事务,保障员工权益; 监督社会保险基金的使用与结余情况,确保资金安全; 协调内外部资源,优化社会保险管理流程; 加强与社会保险管理部门的沟通与合作,确保政策信息的及时传达与执行			
四、工作内容			
负责公司人员社会保险相关管理制度的制定与实施; 负责公司人员社会保险扣缴返还的实施; 对建立员工的社保关系转移时限和转移方法提出建议; 负责公司人员社会保险相关管理制度的制定与实施			
五、主要绩效考核指标			
贯彻国家及上级有关人力资源管理的政策、法规及规章制度,建立健全公司各项社会保险规章制度,各种制度达到100%的建立率; 公司全体职工社会保障的基本养老保险、基本医疗保险、生育保险、大病保险、失业保险、工伤保险及企业年金的账户管理及缴纳、领取的申报、认定、审定等工作,差错率不超过2%			
六、工作权限			
对公司员工社会保险增减、转移具有审核权; 对公司各类人员社会保险工资扣缴具有审查权; 对公司各项社会保险缴纳具有监督、审查权			
七、工作协作关系			
内部联系	公司各部室		
外部联系	省社会保障局、集团公司及其他相关单位		
八、任职资格要求			
最匹配的学历	大专及以上学历		
最匹配的专业	人力资源管理、企业管理等专业		

续表

职业资格	无
最匹配的职称	无
工作经验	2年以上工作经验，从事相关工作1年以上
专业知识	熟悉国家相关劳动工资政策法规、现代人力资源管理的基本方法； 了解煤矿行业岗位设置； 掌握劳动定额、工资核算等劳资方面的工作方法和程序； 具备一定的统计知识
综合素质	执行能力：能承受较大的工作压力，根据实际情况，采取有效措施，完成各项工作任务； 沟通协调能力：与基层单位和业务科室联系，就社会保险缴纳中出现的问题提出改进方法； 解决问题能力：能够及时发现业务及管理上的问题，能够处理一般的突发事件； 具有一定的学习创新能力，能够快速学习和借鉴新理念、新事物，并将其应用于实际工作当中
辅助技能	英语	具有一定的英语听、说、读、写能力
	计算机	能熟练操作计算机，熟练使用办公软件； 能熟练使用智慧化办公系统
	文字处理	具有良好的文案制定和写作能力
	其他	具有良好的沟通能力、紧急事件处理能力
年龄	22岁以上
性别	不限
身体状况	身体健康； 无岗位职业禁忌证
九、岗位培训与岗位晋升通道		
岗位培训	入职培训	企业文化、公司规章制度、安全管理等
岗位培训	专业培训	根据工作需要，进行实时专业培训，如社会保险法律法规、规章制度等相关培训及文件政策学习
	其他培训	《人力资源管理》《煤矿安全管理人员培训》《社会保险法律法规培训》

续表

岗位晋升	可晋升岗位	部门副职
	可轮换岗位	经营口其他同级岗位 |</br>

十、工作条件		
	工作场所	室内办公,集体办公室
	工作时间	正常工作时间,偶尔加班
	工作设备	计算机、一般办公设备(打印机、传真、电话、复印机)、通信设备
	工作环境	地面空调、自然照明、无粉尘及危险性,煤场、井下有噪声、粉尘

十三、人力资源部信息化及考勤主管岗位说明书(JG06-HR-13)

一、基本信息			
岗位名称	**信息化及考勤主管**	岗位编码	**JG06-HR-13**
所在部门	**人力资源部**	岗位类别	**管理岗**
直接上级	**副部长**	岗位级别	**副科级**
直接下级	**无**	定员人数	**1人**

二、岗位设置目的

根据公司发展战略和经营目标,负责公司"五险两金"业务工作并进行统筹管理,确保公司生产经营目标和员工价值的实现

三、岗位职责

主要负责各项社会保险费的收缴、管理,建立职工个人账户;

主要负责公司全体员工上年度工资总额台账的统计、管理以及核对,认真、准确核实在职职工个人社会保险的缴费基数;

主要负责公司全体员工社会保险统筹金扣缴数据库的采集、录入与上报;

主要负责职工社会保险的转移、补退费、一次性支付;

主要负责工伤保险、失业保险、住房公积金的核定和扣缴工作

四、工作内容

负责人力资源部日常考勤管理工作;

负责认真贯彻执行有关考勤管理方面的方针、政策和制度;

认真负责登记公司员工地面、井下出勤,做好伤、病、事、婚、丧、产等请假手续记录,准确统计汇总;

续表

对考勤记录做到真实、准确、清晰,不能随意涂改,月初做好上月出勤汇总,并交由领导签字并公示;严格检查公司员工的出勤,对违反考勤制度的不良现象,如迟到、早退、旷工等情况,按《考勤管理制度》进行处罚; 配合同事做好人力资源管理部门的各项工作	
五、主要绩效考核指标	
出勤统计的准确率; 考勤制度执行的公正性; 绩效考核数据统计的准确性; 请销假管理的合理性和准确性	
六、工作权限	
对考勤系统及设备具有管理权; 对考勤制度具有制定和管理权; 对违反考勤制度的员工具有处罚权	
七、工作协作关系	
内部联系	公司各部室
外部联系	集团公司劳务派遣单位及其他相关单位
八、任职资格要求	
最匹配的学历	大专及以上学历
最匹配的专业	人力资源管理及相关专业
职业资格	无
最匹配的职称	无
工作经验	2年以上工作经验,从事相关工作1年以上
专业知识	了解国家、地方有关法律法规政策,掌握信息化战略制定与实施的技能; 掌握公司办公自动化的相关技能; 熟悉制造行业及上下游相关行业的信息化发展状况等
综合素质	高度的整合能力,良好的策划能力; 创新意识、创新能力; 坚定的意志及良好的职业道德; 有较强的组织、沟通、协调能力

续表

辅助技能	英语	具有一定的英语听、说、读、写能力
	计算机	能熟练操作计算机,熟练使用办公软件; 能熟练使用智慧化办公系统
	文字处理	具有良好的文案制定和写作能力
	其他	具有良好的沟通能力、紧急事件处理能力
年龄		22岁以上
性别		不限
身体状况		身体健康; 无岗位职业禁忌证

九、岗位培训与岗位晋升通道		
岗位培训	入职培训	企业文化、公司规章制度、安全管理等
	专业培训	根据工作需要,进行实时专业培训
	其他培训	《人力资源管理》《管理学原理》《组织行为学》《市场营销》《互联网时代企业管理新模式》
岗位晋升	可晋升岗位	部门副职
	可轮换岗位	经营口其他同级岗位

十、工作条件	
工作场所	室内办公,集体办公室
工作时间	正常工作时间,偶尔加班
工作设备	计算机、一般办公设备(打印机、传真、电话、复印机)、通信设备
工作环境	地面空调、自然照明、无粉尘及危险性,煤场、井下有噪声、粉尘

十四、人力资源部人员招聘、劳动组织及开发主管岗位说明书(JG06-HR-14)

一、基本信息			
岗位名称	人员招聘、劳动组织及开发主管	岗位编码	JG06-HR-14
所在部门	人力资源部	岗位类别	管理岗
直接上级	副部长	岗位级别	副科级
直接下级	无	定员人数	1人

续表

二、岗位设置目的
规范员工上下班行为,提高工作效率,为结算工资、福利补贴等提供准确依据; 加强公司劳动纪律的管理,维护企业正常的生产、工作秩序
三、岗位职责
负责考勤制度、请销假管理制度的修订和执行; 负责员工请销假的管理、审批、统计; 负责考勤系统及设备的日常维护; 负责每月出勤统计的审核、汇总; 完成上级领导临时交办的工作任务
四、工作内容
负责人力资源部劳动组织日常管理工作; 根据企业生产经营及实际用工需求,优化劳动用工组织,提升企业劳动效率; 根据企业年度生产经营规划及生产工艺情况,编制企业劳动定额手册,并做好年初测算分解计划; 根据人力资源部部长安排,及时准确地完成职工入职、离职、调配等日常性人事事务工作; 及时准确地完成职工信息的录入、变更、维护工作; 其他日常性工作
五、主要绩效考核指标
掌握企业生产接续安排,生产需求及规划发展情况,制定相应时期的定岗、定员、定额、定薪制度标准,保证有效率在95%以上; 保证公司人力资源信息及劳动人事统计工作差错率低于1%; 保证人事事务工作办理的准确性、及时性,业务办理时间不得超过1个工作日,并及时维护人员信息的准确性
六、工作权限
对员工招聘、调配等人事事务工作具有管理权; 对员工见习转正、一般管理晋升年限具有审核权
七、工作协作关系

内部联系	公司各部室
外部联系	集团公司劳务派遣单位及其他相关单位

续表

八、任职资格要求		
最匹配的学历	大专及以上学历	
最匹配的专业	人力资源等相关专业	
职业资格	安全资格证书	
最匹配的职称	无	
工作经验	2年以上工作经验,从事相关工作1年以上	
专业知识	了解国家、地方有关人事法律法规政策,掌握人力资源战略制定与实施的技能	
综合素质	具有较强的执行能力,能承受较大的工作压力,根据实际情况,采取有效措施,完成各项工作任务; 具有较强的沟通协调能力,与基层单位和业务科室联系,就薪酬管理中出现的问题提出改进方法; 具有较强的解决问题能力,能够及时发现业务及管理上的问题,能够处理一般的突发事件; 具有较强的分析归纳能力,根据薪酬管理的运行情况进行分析归纳; 具有一定的学习创新能力,能够快速学习和借鉴新理念、新事物,并将其应用于实际工作当中	
辅助技能	英语	具有一定的英语听、说、读、写能力
	计算机	能熟练操作计算机,熟练使用办公软件; 能熟练使用智慧化办公系统
	文字处理	具有良好的文案制定和写作能力
	其他	具有良好的沟通能力、紧急事件处理能力
年龄	22岁以上	
性别	不限	
身体状况	身体健康; 无岗位职业禁忌证	
九、岗位培训与岗位晋升通道		
岗位培训	入职培训	企业文化、公司规章制度、安全管理等
	专业培训	根据工作需要,进行实时专业培训
	其他培训	《人力资源管理》《管理学原理》《组织行为学》《市场营销》《互联网时代企业管理新模式》

续表

岗位晋升	可晋升岗位	部门副职
	可轮换岗位	经营口其他同级岗位

十、工作条件	
工作场所	室内办公,集体办公室
工作时间	正常工作时间,偶尔加班
工作设备	计算机、一般办公设备(打印机、传真、电话、复印机)、通信设备
工作环境	地面空调、自然照明、无粉尘及危险性、煤场、井下有噪声、粉尘

十五、人力资源部劳动定额、劳务派遣及承包主管岗位说明书(JG06-HR-15)

一、基本信息			
岗位名称	劳动定额、劳务派遣及承包主管	岗位编码	JG06-HR-15
所在部门	人力资源部	岗位类别	管理岗
直接上级	副部长	岗位级别	副科级
直接下级	无	定员人数	1人
二、岗位设置目的			
根据企业人力资源发展规划及用工现状,合理优化劳动用工组织,编制企业劳动定额手册; 在人力资源部部长的领导下,承担企业职工的入职、离职、调配、易岗易薪,员工信息维护等人事事务相关手续; 为人力资源部日常管理工作提供基础性数据信息支持			
三、岗位职责			
负责企业劳动用工方案及劳动需求计划编制工作; 负责企业定编定员方案编制工作; 负责职工入职、离职、调动、易岗易薪等人事事务管理; 负责职工信息的录入、变更、维护工作; 完成上级领导临时交办的工作任务			
四、工作内容			
负责内务、劳动保护用品的采购与收发等行政管理工作;			

续表

拟定岗位职责范围内的管理制度及流程； 负责劳务招标队伍的资质预审、编程、招投标资料的制作和计算机管理，以及劳务招标的日常管理和备案前的各类资料准备工作； 负责劳务费统计、建立各种台账和上报业务报表，建立健全工程和劳务的档案管理； 负责劳务队伍人员进场、合同备案和完善合法用工手续； 负责编制《合格工程、劳务分包企业（队伍）花名册》； 负责协调或协助各级建委和劳动部门用工关系，负责工程项目工伤申报； 负责收集反馈总包单位意见和建议（客户满意度调查），为改进工作提供依据； 负责施工劳务队伍的招募、培训管理，配合安全主管对特殊、少数工种培训、取证、换证工作； 监督检查工程项目实名制，负责劳务工资发放管理，做到合法合约诚信用工，确保队伍稳定，负责工程结算款尾款回收工作的管控	
五、主要绩效考核指标	
合理优化劳动用工组织，在人力资源部部长的领导下，承担企业职工的入职、离职、调配、易岗易薪、员工信息维护等人事事务相关手续	
六、工作权限	
对公司员工引进、调配和派遣具有审核权； 对公司各类人员的聘任具有资格审查权	
七、工作协作关系	
内部联系	公司各部室
外部联系	外包公司
八、任职资格要求	
最匹配的学历	大专及以上学历
最匹配的专业	人力资源管理、企业管理等专业
职业资格	安全资格证书
最匹配的职称	无
工作经验	2 年以上工作经验，从事相关工作 1 年以上
专业知识	具备扎实的劳动法律知识和丰富的人力资源管理经验，熟悉《劳动法》《劳动合同法》等相关法律法规，了解劳动合同的签订、履行、变更、解除等全过程，确保煤矿企业劳动合同管理的合规性和规范性；

续表

专业知识	具备良好的沟通和协调能力,能够与员工进行有效沟通,能够处理劳动合同相关的疑难问题,维护企业和员工的合法权益	
综合素质	具有较强的执行能力,能承受较大的工作压力,根据实际情况,采取有效措施,完成各项工作任务; 具有较强的解决问题能力,能够及时发现业务及管理上的问题,能够处理一般的突发事件; 具有较强的沟通协调能力; 具有一定的学习创新能力,能够快速学习和借鉴新事物、新方法,并将其应用于实际工作当中	
辅助技能	英语	具有一定的英语听、说、读、写能力
	计算机	能熟练操作计算机,熟练使用办公软件; 能熟练使用智慧化办公系统
	文字处理	具有良好的文案制定和写作能力
	其他	具有良好的沟通能力、紧急事件处理能力
年龄	22岁以上	
性别	不限	
身体状况	身体健康; 无岗位职业禁忌证	
九、岗位培训与岗位晋升通道		
岗位培训	入职培训	企业文化,公司规章制度,安全、职业危害上岗资格培训等
	专业培训	根据工作需要进行实时专业培训,如劳动定额、劳动用工、薪酬管理等
	其他培训	《人力资源管理》《统计学》《管理学原理》《管理心理学》《组织行为学》《市场营销》《宏观经济学》《微观经济学》
岗位晋升	可晋升岗位	部门副职
	可轮换岗位	经营口其他同级岗位
十、工作条件		
工作场所	室内办公,集体办公室,井下生产现场	
工作时间	正常工作时间,偶尔加班	
工作设备	计算机、一般办公设备(打印机、传真、电话、复印机)、通信设备	
工作环境	地面空调、自然照明、无粉尘及危险性,煤场、井下有噪声、粉尘	

十六、人力资源部综合员岗位说明书(JG06-HR-16)

一、基本信息			
岗位名称	综合员	岗位编码	JG06-HR-16
所在部门	人力资源部	岗位类别	管理岗
直接上级	副部长	岗位级别	科员
直接下级	无	定员人数	
二、岗位设置目的			
协助部长完成成本控制、统计、工资、劳保发放、办公室日常服务等工作			
三、岗位职责			
制定公司的人力资源管理计划和政策,开展整体人力资源规划与组织设计等工作;			
协调各部门间的人力资源管理工作,协助各部门制定实施人力资源规划并对其进行监督和指导;			
负责公司招聘、员工入职、离职等人力资源管理工作;			
具有员工档案管理、薪资管理、绩效考核等方面的能力,制定相关政策并实施;			
负责员工培训、绩效考核、奖惩等工作,协助公司建立健全绩效管理体系			
四、工作内容			
严格执行请销假制度,月底汇总旷工人员情况提供给队长;			
及时完成队务公开,工资、奖金、自备金及时公布,做到分配透明公开;			
负责调入、调出员工个人信息登记和各类相关证明手续的办理;			
完成领导安排的其他任务			
五、主要绩效考核指标			
工作能力;			
工作态度;			
处理报告、业务协调的能力;			
及时高效地完成上级交办的各项任务			
六、工作权限			
对公司员工引进、调配和派遣具有协助审核权			
七、工作协作关系			
内部联系	公司各部室		
外部联系	外包公司		

续表

八、任职资格要求		
最匹配的学历	大专及以上学历	
最匹配的专业	人力资源管理、企业管理等专业	
职业资格	安全资格证书	
最匹配的职称	无	
工作经验	1年以上工作经验	
专业知识	具备扎实的劳动法律知识和丰富的人力资源管理经验,熟悉《劳动法》《劳动合同法》等相关法律法规,了解劳动合同的签订、履行、变更、解除等全过程,确保煤矿企业劳动合同管理的合规性和规范性;具备良好的沟通和协调能力,能够与员工进行有效沟通,能够处理劳动合同相关的疑难问题,维护企业和员工的合法权益	
综合素质	具有较强的执行能力;具有较强的沟通协调能力	
辅助技能	英语	具有一定的英语听、说、读、写能力
	计算机	能熟练操作计算机,熟练使用办公软件;能熟练使用智慧化办公系统
	文字处理	具有良好的文案制定和写作能力
	其他	具有良好的沟通能力、紧急事件处理能力
年龄	22岁以上	
性别	不限	
身体状况	身体健康;无岗位职业禁忌证	
九、岗位培训与岗位晋升通道		
岗位培训	入职培训	企业文化,公司规章制度,安全、职业危害上岗资格培训等
	专业培训	根据工作需要进行实时专业培训,如劳动定额、劳动用工、薪酬管理等
	其他培训	《人力资源管理》《统计学》《管理学原理》《管理心理学》《组织行为学》《市场营销》《宏观经济学》《微观经济学》
岗位晋升	可晋升岗位	副科级岗位
	可轮换岗位	经营口其他同级岗位

续表

十、工作条件	
工作场所	室内办公,集体办公室
工作时间	正常工作时间,偶尔加班
工作设备	计算机、一般办公设备(打印机、传真、电话、复印机)、通信设备
工作环境	地面空调、自然照明、无粉尘及危险性